Environmental Protection Common Industrial Park
Planning,Construction,and Operation Management

环保共性产业园
规划建设与运营管理

杜敏　王奎　刘思焜　周顶欧　等编著

化学工业出版社
·北京·

内容简介

本书以环保共性产业园规划建设与运营管理思路及方法的探索为主线，以各类型产业园区调研情况为基础，重点针对中山市产业园区发展特点与瓶颈进行分析，再结合共享制造、集中治污、绿色低碳三大主线，提出环保共性产业园的理念，主要介绍了中山市对环保共性产业园的实践经验，包括顶层规划、投资建设、招商策略、运管模式四个范畴，旨在通过绿色发展思维带动产业转型升级，助力社会高质量发展。

本书采用理论与案例结合的分析方法，对绿色发展理解较深刻，具有较强针对性与参考价值，可供从事城市绿色发展规划以及低碳节能环保园区设计与建设的科研人员、技术人员和管理人员参考，也供高等学校环境科学与工程、生态工程及相关专业师生参阅。

图书在版编目（CIP）数据

环保共性产业园规划建设与运营管理/杜敏等编著. —北京：化学工业出版社，2024.4
ISBN 978-7-122-45056-2

Ⅰ. ①环… Ⅱ. ①杜… Ⅲ. ①环保产业-产业发展-研究-中山 Ⅳ. ①X324.265.3

中国国家版本馆CIP数据核字（2024）第032903号

责任编辑：刘兴春 刘 婧　　文字编辑：杜 熠
责任校对：宋 玮　　装帧设计：韩 飞

出版发行：化学工业出版社
（北京市东城区青年湖南街13号 邮政编码100011）
印 装：北京建宏印刷有限公司
787mm×1092mm 1/16 印张17¼ 字数230千字
2024年4月北京第1版第1次印刷

购书咨询：010-64518888　　售后服务：010-64518899
网 址：http://www.cip.com.cn
凡购买本书，如有缺损质量问题，本社销售中心负责调换。

定 价：158.00元

序

粤港澳大湾区是国家改革开放新征程的桥头堡、是深入推进供给侧结构性改革的试验田、是未来世界级城市群角力的头号种子，将作为“一国两制”深度实践与特色融合的关键载体，预示我国社会经济发展迈向新台阶。中山市是粤港澳大湾区主要节点城市之一，区位优势显著，毗邻深圳市、香港特别行政区、澳门特别行政区，接壤广州市、佛山市，是社会、经济、科技、教育等信息的天然枢纽，具备良好发展基础。伴随社会资源紧缺、国际竞争激烈、贸易关系紧张等多方面因素，中山市发展过程略显失速，产业掣肘逐渐暴露。但中山市秉持“敢为天下先”的拼劲，率先提出“环保共性产业园”的概念，利用绿色发展思维引领社会变革与产业升级，结合“工改”“共享制造”“集中治污”“双碳经济”等举措，大胆探索一套全新的产业园区规划建设与运营管理思路。

环保共性产业园核心是解决环境保护与经济发展的关系问题，要求在社会经济发展过程兼顾绿色发展理念和生态文明思想，充分理解自然价值与环境资本，倡导一种更为科学、适配、可持续的发展方式。环保共性产业园直面城市规划问题与产业问题，敢于从产业链条中寻求出路、勇于从污染治理中发掘价值、善于从共享经济中契合绿色发展要义，将常见的经济为环保买单的现象转变为环保引领经济发展的新篇章。

党的二十大报告明确提出“协同推进降碳、减污、扩绿、增长，推进生态优先、节约集约、绿色低碳发展”，要求全面且深刻，为社会高质量发展亮明前进的方向。环保共性产业园所倡导的理念完全契合国家发展的宗旨，同时通过研究产业链关系、制造供需关系、经济发展与污染治理关系等，提炼出一套可同时覆盖第一到第三产业，有明确功能分区与物理边界，坚持“共商、共建”原则，利用“共性、共享、共生”的内生动力，达到“共创、共赢”目标的可持续发展模式。

广东省中山市当前规划建设的环保共性产业园深入贯彻与融汇各项发展要义，从顶层规划中找准目标、合理布局，在投资建设中多元参与、群策群力，招商策略各具特色、多措并举，对运管过程高水平要求、多途径出招，可作为全国各类产业园区绿色转型升级的学习典范和借鉴案例。

本书所提出的理论及方法，对于环保共性产业园的规划建设与运营管理具有显著的借鉴意义，值得政府、产业园区管理机构、相关环保或城市规划工作者阅读。

清华大学环境学院长聘教授

巴塞尔公约亚太区域中心执行主任

李金惠

2023年10月

前言

当今世界正处于“百年未有之大变局”，社会经济发展的要求伴随人类文明的进步而不断提高，粗放、无序、散乱、片面追逐经济效益的方式方法已经严重不适用于当前阶段，打造更低成本、更高效率、更清洁、更环保的发展模式及产业生态，才能契合现如今高质量发展的宗旨。

粤港澳大湾区是习近平总书记亲自谋划、部署、推动的重大国家战略，将成为我国经济发展与社会主义现代化建设的标杆。而中山市作为粤港澳大湾区的重要节点城市，拥有“产业基础扎实、城镇交通便利、区位优势显著”等先天禀赋，更应敢闯敢拼，完全融入全面深化改革、提升开放水平的浪潮之中。中山市未来发展过程必定迎来许多变动与革新。在产业发展的一环，如何实现传统优势产业转型升级，如何顺利承接先进城市外溢产能，如何保障经济发展过程注入绿色可持续理念，是中山全市上下务必齐心协力要解决的难题。

为做好这份“绿色”发展答卷，本书编制组结合中山市“工改”“十大主题产业园”“传统产业转型升级”等专项工作，对《环保共性产业园——粤港澳大湾区中山市的探索》一书中所提出的“环保共性产业园”概念进行深化、延伸及升华，结合对传统产业园区、粤港澳大湾区产业现状以及中山市产业园区发展情况的剖析与总结，从顶层规划、投资建设、招商策略、运管模式四部分阐明环保共性产业园的内涵、精髓、结构以及机理。

本书充分吸收工业生态学、循环经济、共享制造、双碳经济等理论研究成果，结合各类型产业园区实践经验，从产业链条中寻求出路、从污染治理中发掘价值、从共享经济中契合绿色发展要义，倡导产业园区发展过程坚持“集约管理、集中治污、集聚发展”，基于“共商、共建”的规划建设原则，发掘“共性”细胞，共享一切可“共享”的资源，降本增效，形成黏附力极强的“共生”关系，“共创”新型产业园区及“共同美好家园”，最终走出一条兼顾环境效益与经济效益的“共赢”之路。

本书共分八章，其中第一章重点分析我国大部分产业园区的概况，分别从概念、发展模式、投资模式、管理模式、建设现状及演化趋势阐述环保共性产业园的设计基础；第二章重点分析粤港澳大湾区产业园区的发展现状，结合大湾区革新路线、发展特点以及特色园区案例为环保共性产业园提供思路；第三章则对中山市产业园区发展现状进行“解剖麻雀”，洞察现存发展掣肘；第四章主要基于前述分析成果，对中山市产业园区绿色创新探索过程进行表述，并明确环保共性产业园的理论基础；第五～第八章主要对环保共性产业园的规划建设与运营管理各个环节进行思路探讨与方法介绍，希望有效指引相关读者，在其对环保共性产业园进行设计、投资、建设、招商、运营、管理等过程能开阔思路，选择适合自身发展的模式与策略。

本书是对于粤港澳大湾区中山市环保共性产业园探索系列丛书的中卷，旨在进一步明晰环保共性产业园的内核设计与运作机理，对政府、村居、产业园区管理机构乃至广大投资者在从事相关产业园区建设过程提供帮助。往后计划以中山特色产业（如表面处理、家具制造、电路板等）已投入使用的环保共性产业园实战经验总结及分享作为延续，从而形成完整的框架体系。

本书主要由杜敏、王奎、刘思焜、周顶欧等编著，冯子杰、蔡伟健、陈学谦、黄子晴、李芷柔等参与了部分内容的编著。本书编著过程中，中山市生态环境局、中山市环境科学学会、中山市环境保护技术中心、中山小榄绿金湾环保共性产业园、中山横栏元子环保共性产业园、中山三角金焱智造环保共性产业园、中山阜沙康澳5G环保共性产业园、中山小榄聚诚达共享喷涂产业园、中山冠承电器实业有限公司等给予了大力支持，在此表示衷心感谢！

限于编著者水平及编著时间，书中难免存在不足和疏漏之处，敬请读者见谅并提出宝贵建议。

编著者

2023年11月

目录

第一章

产业园区情况分析

- 第一节　产业园区的基本概念分析
- 第二节　产业园区的发展模式分析
- 第三节　产业园区的投资模式分析
- 第四节　产业园区的管理模式分析
- 第五节　产业园区的建设现状分析
- 第六节　产业园区的演化趋势分析

第一节　产业园区的基本概念分析

18世纪60年代，随着第一台珍妮纺纱机的诞生，西方世界逐渐掀起工业革命浪潮，大量蒸汽机的发明与使用深刻地影响了社会生产力结构，机器逐渐取代手工劳动，使社会面貌发生了翻天覆地的变化。工业革命的兴起，使工厂制代替了手工作坊，工厂不断增多、组合、分化，工厂聚集区开始出现，19世纪末，世界上第一个产业园区——英国特拉福德工业园由此诞生。我国的工业园区发展史，应从改革开放之初为起点，为破除当时产业结构失衡困局，1979年中国第一个产业园区——深圳蛇口工业园应运而生，正式拉开我国产业园区建设序幕。

一、产业园区的定义

参照《规划环境影响评价技术导则　产业园区》(HJ 131—2021)，产业园区指经各级人民政府依法批准设立，具有统一管理机构及产业集群特征的特定规划区域，主要目的是引导产业集中布局、集聚发展，优化配置各种生产要素，并配套建设公共基础设施。一般来说，产业园区区域内规定特定行业、形态的企业进驻，由产业园管委会或产业园开发商进行统一管理，并向园区内企业提供多方面的软硬件服务，区域内一般具有完备的基础设施，产业集约化程度高、特色鲜明、企业之间具有明显的产业关联，是促进区域经济发展的一种有效方式。

从1979年蛇口工业园打响了我国产业园区发展的第一炮至今，我国从零星产业园区建设到如今产业地产时代已经走过了40年，经过时间的积累沉淀，凭借经济、产业、技术、人才等方面要素的集聚效应和强有力的政策支撑，许多产业园区作为产业项目建设的主阵地，取得了快速发展和较好效益，衍生出了多种类型的产业园区。

二、产业园区的类型

如图1-1所示，从园区发展定位而言，产业园区包括高新技术开发区、经济技术开发区、一般工业园区、出口加工区、保税区、边境经济合作区、特色产业园区（如自主创新示范区）、产业基地、科技型园区（如科技园、科技新城）等。根据2018年2月的《中国开发区审核公告目录》，国务院批准设立的国家级开发区共有552家，国家级经济技术开发区219家，国家级高新技术产业开发区156家，海关特殊监管区域135家（包括综合保税区、出口加工区、保税物流园区、保税港区，贸易为主），边境/跨境经济合作区19家；其他类型开发区23家。

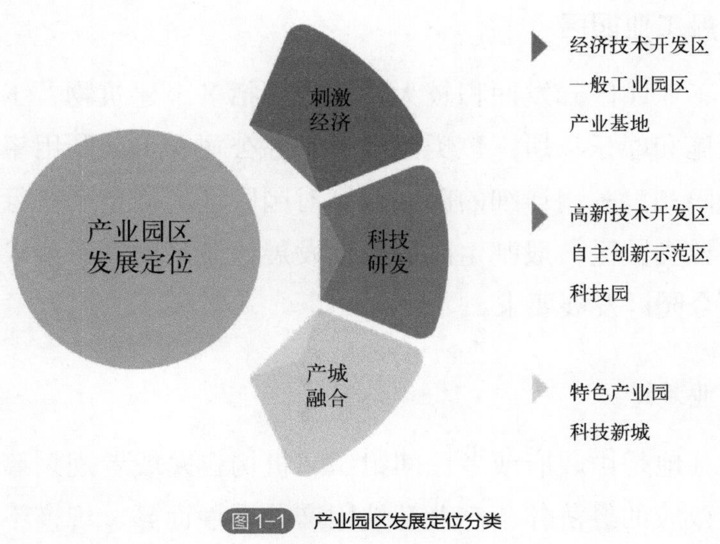

图1-1 产业园区发展定位分类

（一）经济技术开发区

经济技术开发区是中国对外开放地区的重要组成部分，它们大都位于各省、市、自治区的中心城市，在沿海开放城市和其他开放城市划定小块的区域，集中力量建设完善的基础设施，创建符合国际水准的投资环境，以发展知识密集型和技术密集型工业为主的特定区域。以增加区域经济总量为直接目标，以拉动外来投资为主，产业以制造加工业为主，成为所在城市及周围地区发展对外经济贸易的重点区域。

（二）高新技术开发区

各级政府批准成立的科技工业园区，为发展高新技术而设置的将科研、教育和生产结合的综合性基地。该类型依托于智力与技术密集和开放环境，依靠科技和经济实力，吸收和借鉴国外先进科技资源资金和管理手段，通过实行税收和贷款方面的优惠政策和各项改革措施，实现软硬环境的局部优化，最大限度地把科技成果转化为现实生产力。

（三）一般工业园区

一般工业园区开发面积较大，园内囊括多个建筑物、工厂以及各种公共设施和娱乐场所；该类园区对常驻公司、土地利用率和建筑物类型实行限制，利用详细的区域规划对园区环境规定了执行标准和限制条件。该类园区一般制定园内长期发展政策与规则，要求入驻企业适应与配合园区发展要求。

（四）产业基地

产业基地是由政府或者民间组织、机构自发或者规划筹办的具有产业集群效应的经济体。产业基地因产业属性而异，规模不一，按照产业链或是产品类别把相互关联的企业或经营单元集聚起来，形成布局相对集中、具有配套环境、在国际或国内具有重要地位的产业集群地带，呈现多元化特征。

（五）自主创新示范区

在推进自主创新和高技术产业发展方面先行先试、探索经验、做出示范的区域。对于进一步完善科技创新的体制机制，加快发展战略性新兴产业，推进创新驱动发展，加快转变经济发展方式等方面发挥重要的引领、辐射和带动作用。

（六）科技园

科技园是指性质和功能相似的一类地域组织，即大学、研究机构和企业在一定地域内相对集中，其任务是研究、开发和生产高技术产品，促进科研成果商品化、产品化，达到产学研用一体的效应。世界各国对科技园的称谓不尽相同，但它们一般都是一种以智力资源为依托，以开发新产业为目标，促进科研、教育和生产相结合，推动科学技术与经济、社会协调发展的地域。

（七）特色产业园

区别于一般产业园区，特色产业园具有优势更优、特色更特、强项更强的特征，园内产业定位明确，聚焦战略性产业集群培育建设，不断聚集产业创新要素资源，强化政策引导、整合优势资源，优化全产业链生态环境，培育壮大园区特色产业，提升产业发展能级。

该类型园区一般产业基础雄厚，产业链上下游齐聚，除生产制造外，对研发设计、品牌营销两端都有显著需求，区域业态丰富，人流密集，制造业与服务业蓬勃发展、相辅相成，生产与生活均在园区内进行，潜移默化地推进产城融合的进程。

（八）科技新城

科技新城其开发的理念是“以城带业、以业兴城、宜居宜业、和谐发展”，目的是打造一个产业化的城市，就是要以产业研发区为主体功能，辅之以商务功能区和生态住宅区，实现城市功能与产业功能的有机融合，使区域从业人员享受到职、住、娱一体化的综合服务，提升创业人员的生活品质，提升城市的综合竞争实力。

三、产业园区的功能

产业园区对经济社会发展的贡献是全方位的。坊间热传“先有蛇口，后有深圳”，深圳作为我国设立的第一个经济特区，是改革开放的窗口，而蛇口作为经济改革的第一个试验区，肩负勇闯新发展道路、集聚创新资源、培育新兴产业、推动城市化建设的重要使命，为深圳乃至全国改革开放探索了成功的经验与模式。自此，40多年来，不同产业类型、不同地域特色、不同发展层次的产业园区在全国各地如雨后春笋般蓬勃发展，为城市持续发展注入源源不断的力量。如图1-2所示，产业园区的功能主要体现在4个方面。

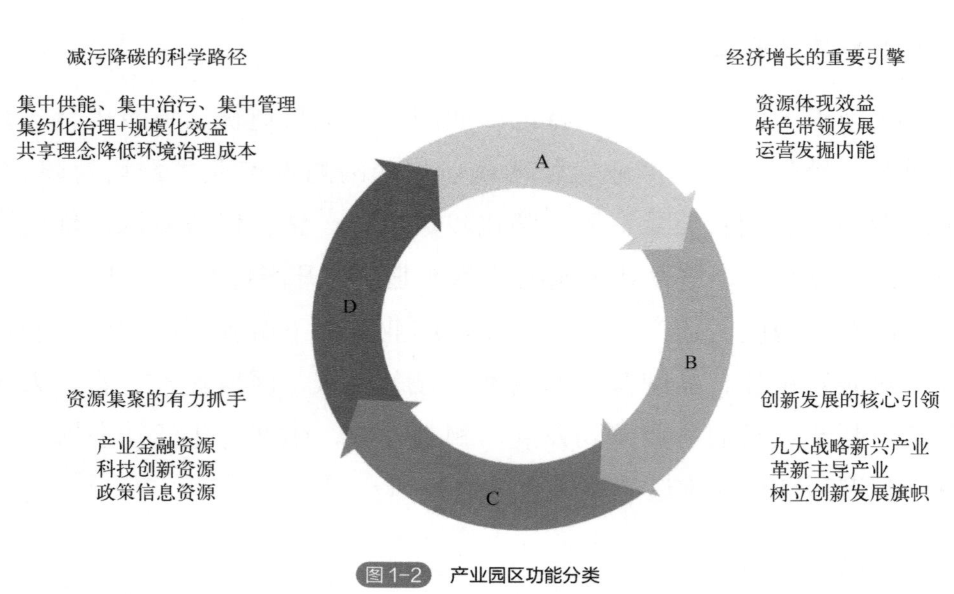

图1-2 产业园区功能分类

（一）产业园区是经济增长的重要引擎

40多年来，凭借经济、产业、技术、人才等方面要素的集聚效应和得天独厚的政策优势，许多产业园区作为产业项目建设的主阵地，取得了快速发展和较好效益，以国家高新区和国家经开区为代表的产业园区，是我国经济发展的压舱石，抓好产业园区的转型发展能起到以点带面的作用。根据相关机构测算，我国产业园区经济占全国GDP比重接近1/4，园区经济已经成为我国经济发展的重要引擎，也是我国参与国际经济竞争的主战场。

“十四五”期间，面临全球紧张多变的贸易形势与经济寒冬，土地资源制约、发展模式掣肘、都市虹吸效应、同质恶性竞争、园区管理欠缺等现象级问题已持续影响我国城镇化进程与均衡发展。为稳住经济盘，保证发展增量及质量，必须集中力量办大事，重新认清产业园区的功能定位与任务使命，让资源体现效益、以特色引领发展、从运营发掘内能。

（二）产业园区是创新发展的核心引领

产业园区重点发展新兴产业，创新引领经济转型。除了体量上的贡献，产业园区还为我国经济从高速发展提升至高质量发展进程中探索出一套行之有效的模式，即以高新技术产业和现代服务业为主导，发展新兴产业集群，以技术协同进步，凭科技带动发展。“十四五”期间，国家提出九大战略性新兴产业（以重大技术突破和重大发展需求为基础，对经济社会全局和长远发展具有重大引领带动作用，知识技术密集、物质资源消耗少、成长潜力大、综合效益好的产业），即新一代信息技术产业、高端装备制造产业、新材料产业、生物产业、新能源汽车产业、新能源产业、节能环保产业、数字创意产业、相关服务业。基于如此战略导向，各类型产业园区纷纷发力，抢占先机，革新主导产业，树立创新发展旗帜，在成长过程同时为国家科学技术进步注入能量。

（三）产业园区是资源集聚的有力抓手

产业园区的本质就是集聚、抱团。产业园区能够有效地创造聚集力，发挥协同作用和规模效应，最大限度地优化资源配置，促进资源合理、高效、集约使用，提高资源利用效率，通过共享资源、克服外部负面因素，带动关联产业的发展，从而有效地推动产业集群的形成，走出一条科技含量高、经济效益好、资源消耗低、环境污染少、人力资源作用得到充分发挥的发展路径，助推国家和地方实现经济转型。资源的聚集主要包括产业金融资源、科技创新资源、政策信息资源等，这些资源如果能被发掘、整合并加以正向利用，既能扶持园区自身做大做强，亦能对属地经济发展带来巨大动能。

以土地资源制约困局为例，为解决历史盲目扩张的发展后遗症，可重新利用产业园区思维实现资源集约利用，有效挖潜效益欠佳的存量闲置资产，按照“用好已建、清理未用、盘活闲置”的思路，梳理区域内“搁浅项目”与“僵尸企业”，摸清“家底”，不断释放土地空间，重构高标准产业园区实现“腾笼换鸟”。通过产业园区集约发展，释放出最紧缺的资源的同时进行靶向集聚，让资源价值最大化，即资源集聚的关键体现。

（四）产业园区是减污降碳的科学路径

产业园区除了经济作用、创新作用、资源集聚作用外，还有一项无法替代的功能，就是通过“集中供能、集中治污、集中管理”的方式实现规模化减污降碳。产业园区不仅在物理意义上整合资源、聚合企业，同时从各种内生关系中寻求化学反应，利用共享理念降低成本，符合经济发展规律，亦同步响应我国“中国式现代化是人与自然和谐共生的现代化”的发展纲领，从而保证始终践行可持续发展的科学路径。产业园区是减污降碳过程的关键代表，以大气污染物收集与处理为例，零散分布的污染源难以负荷高规格、大投入的高效治理设施，短缺的成本投入无法保证治理效率稳定达标，而通过集聚、集中、摊销等方式，原本四处分散的废气将云集为高浓度“气团”，从科学角度更适合于更高去除效率的治理工艺，并且利用集中治理的思维减少各企业分散治污带来的能源损耗，无论从污染去除或能量利用方面都将作为最优解。

资料链接

赛迪顾问园区经济研究中心《“十四五”期间我国产业园区发展趋势特征分析》：

（1）特征一：效益优先成为产业园区发展的基本要求，土地要素市场化配置改革进一步加快。“十三五”时期，我国产业园区以规模扩张为基本特征，但土地利用效益较低的问题逐步凸显。以国家级开发区为例，2019年，参与自然资源部土地集约利用评价的541个园区中，土地闲置率持续增加，闲置土地面积达600hm^2，较上年度增加近40%。“十四五”时期，越来越多的产业园区将面临较为严重的土地瓶颈，倒逼园区发展从规模扩张向效益优先转变，算好“亩产账”“单平账”成为发展共识。

（2）特征二：市场主体将成为产业园区开发运营的中坚力量，地方政府园区投融资平台公司改革不断深化。一直以来，产业园区管委会在园区开发、招商、运营中发挥着关键性作用。“十三五”时期，产业园区土地成本、开发成本急剧攀升，地方政府园区债务矛盾十分突出。据统计，截至2019年9月，我国累计发行园区债共计1761只，规模达13159.95亿元。“十四五”时期，随着国家对地方政府债务监管强化，政府投资将转向市场投资，更多具有雄厚投资融资能力、灵活开发建设模式、强大招商资源配置、专业资产运营能力的市场化主体将不断参与到园区建设与运营当中。

（3）特征三：城市能级将成为产业园区发展的压舱石，都市圈园区联动协同下的马太效应逐步凸显。“十三五”时期是我国城镇化进程的加速期，核心城市能级不断提升。截至2020年底，万亿元俱乐部城市已经达到21个，我国城镇化率已经超过60%。城市能级在一定程度上也决定了城市园区的发展水平，苏州工业园、广州经开区、北京经开区、深圳高新区、上海张江高新区、武汉东湖高新区等城市能级也位于全国前列。“十四五”时期，我国城市发展将进入“大城市化”时代，中小城市的人口发展减缓并进一步向大城市转移，进入大城市的中心、郊区以及卫星城，从而形成都市圈。在此过程中，都市圈将吸引更多人才、资本等要素资源赋能产业园区，使其经济引擎作用更加凸显。

（4）特征四：特色定位将成为产业园区摆脱同质竞争的主要手段，数字化技术能够为差异化发展提供关键支撑。据不完全统计，截至2019年底，我国共有产业园区（含园中园）超过6万个，保守估计可开发建设土地面积超过50万公顷，产业园区竞争已进入白热化阶段。如何摆脱同质化竞争，实现特色化发展，成为产业园区“十四五”时期需要着重考虑的问题。所谓特色化，即要求产业园区准确判断内外条件，精准定位产业发展方向，瞄准特定产业特有需求属性开展定制化的空间设计与开发、基础设施配套、服务体系搭建。

（5）特征五：深耕运营将成为产业园区存量时代的底层逻辑，以REITs为核心的金融创新开创园区可持续发展新局面。产业园区投资涉及资金体量大、投资回报期长。无论是政府投资主体，还是市场化投资主体，如何平衡现金流，实现可持续发展，一直是困扰园区投资主体的重要问题。在此逻辑下，以土地销售、住宅销售回流资金反哺产业园区开发，被迫成为参与主体的底层商业模式。“十四五”时期，产业园区将从增量开发时代走向存量运营时代，摒弃“快周转”逻辑，拥抱“慢运营”模式，在存量中孵化新的盈利增长点，追求运营收益与运营成本的短期自平衡，并在长期内实现超额运营收益，将是产业园区发展的核心逻辑。

第二节　产业园区的发展模式分析

一、产业园区形态变化

从外部环境与产业园区发展的关系上看，产业园的发展可以说与中国40多年的发展息息相关。产业发展是城市变化的动能，对于我国大部分三产比重以第二产业为主的城市，产业园区就是其成长过程的“根基”。

如图1-3所示，纵观40年来产业园区的迭代发展，大致可分为4个时期。

V1.0 工业园

- 产业空间与城市的关系：工业园与城市空间是割裂的，承担着城市的生产功能，依赖于城市发展。
- 主要特征：交通位置优越，强调生产技术的升级，以技术为主导。
- 主要载体：工厂、物流园区。

V2.0 产业园

- 产业空间与城市的关系：开始注重产业配套发展，但和城市的关系还是主从关系，产城融合概念初起。
- 主要特征：强调产业集群，形成产业科技创新，企业孵化等完善的产业链。
- 主要载体：科技园区、商务园区。
- 主要运营：政府、开发商。

V3.0 产业社区

- 产业空间与城市的关系：园区与城市的边界逐渐模糊，生产、生活空间高度融合。
- 主要特征：产城深度融合，社区共享，开始产生创新产业生态。
- 主要载体：涵盖生产、工作、生活、休闲、娱乐一体化的产业小镇、产业综合体、城市综合体。

V4.0 智慧/生态产业社区

- 产业空间与城市的关系：园区与城市共生，共同发展，注重园区生态环境。
- 主要特征：通过互联网、大数据加深产城融合，社区共享，催生创新产业生态。
- 主要载体：智慧园区、生态园区、文创园区。

图1-3　产业园区迭代发展的4个时期

从上述V1.0至V4.0的演变历程中，可见产业园区核心驱动力从外力（优惠政策）向内力（技术或财富）演变；从政府全盘管控向市场开发运营+产业驱动的思维转变；空间布局上越来越趋向于城市功能，由交通导向到核心企业、产业集群导向，再到城市功能和产业功能导向；产业园区与城市发展空间的关系也越来越紧密，从脱离到耦合，再到紧密融合；园区内制造业水平也不断提升，从中国制造向中国创造转型，对品质要求日益提高，注重空间与自然的融合，园区的生态可持续发展；同时依仗于科技、互联网、大数据的发展，产业园区生态愈发丰富、多元、立体，更时尚、更智能、更具人文色彩。

二、产业园区发展导向

从园区自身发展策略与导向来看，产业园区可分为自发成长型、资源驱动型、规划引导型、产业转移型等。

发展导向是产业园区的诞生初衷、立命之本，是该园区建设与发展的根本动力，也必定成为其短板与制约因素，毕竟金无足赤、人无完人。

（一）自发成长型产业园区

自发成长型产业园区又被称为“原生型”产业园区。该类产业园区的出现主要源于区域良好的内部条件，这些内部条件的催生加上外部需求扩大等诱因导致当地围绕某一核心产品生产加工的企业大量出现并自发聚集而发展形成，它是一种自下而上的集群形成模式。但是，园区企业之间相互邻近和技术方面的共性基础便利了技术溢出，降低了技术模仿难度，导致园区内技术模仿严重，技术保护困难，同质化竞争激烈。同时，资本的逐利本性和缺乏政府的引导容易导致园区内部企业在产品质量和品牌上以次充好、假冒伪劣；园区内的无序竞争，损害其他园区企业利益和整个园区的声誉，导致园区发展容易失衡。

（二）资源驱动型产业园区

该类产业园区主要依托自然资源，是以资源开发、加工和利用为基础而形成的产业集群。这些自然资源既可以是不可再生的矿产资源，如石油、煤炭、有色金属，也可以是农产品、水产、树木等生物资源。

该类产业园区产生和发展的关键条件是当地拥有丰富的自然资源。从竞争优势角度分析，当地有价值的、稀缺的但对开采利用的企业而言却是廉价的自然资源，本身就是一种巨大的资源优势，能为企业带来巨大利润；而且在当地进行资源的加工利用，又极大地节约了运输成本。一旦资金和技术条件具备，当地的这种资源价值将驱动当地大量企业围绕资源的开采、加工等集聚，把区域的资源优势转变为经济优势。但是，以矿产资源开采、加工为主形成的产业园区，由于这些资源的准“公共物品”属性，导致企业容易对资源盲目和过度开采，使当地稀缺性资源迅速减少，无法实现产业园区的可持续发展。

（三）规划引导型产业园区

该类产业园区所走的是一种典型的“自上而下”的集群发展道路。与自发成长型产业园区相反，规划引导型产业园区的出现和发展带有明显的人为主导痕迹，被形象地称为“引凤筑巢”式产业园区。由于这类产业园区往往是当地政府根据本地区的未来发展定位而实施的具有一定战略前瞻性的产业布局，因此，规划引导型的产业园区多为医药、化工和电子等科技含量较高、具有较大发展潜力的行业，包括当前我国所提出的战略性新兴产业。

（四）产业转移型产业园区

该类产业园区是指随着经济全球化、一体化的发展，基于资源、能源、人力成本差异考虑，部分发达国家和地区将自身某些低端产业或产业链中的低附加值环节向发展中国家和地区转移的趋势。随着全球化产业转移浪潮不断翻滚，已逐渐在一些条件较好的地区聚集形成产业转移型产业集群。从价值链角度分析，产业转移的是技术含量低、附加值低的产业或产业链中的环节；在发达国家和地区，伴随着产业结构的调整和产业升级的推进以及城市的重新定位，这些产业不再具有竞争优势，在当地发展的空间有限。因此，产业转移的首选就是地理位置邻近、发展成本相对较低的国家和地区。

资料链接

南方日报《“转”出一片新天地 广东承接产业有序转移主平台布局落定》：

产业是广东省的最大底气，推动区域协调发展也要靠“实”力解决。2023年3月24日，广东省省委、省政府发布《关于推动产业有序转移促进区域协调发展的若干措施》(下称《措施》)，广东省推动产业有序转移的“大手笔”布局正式亮相。《措施》提出，做强一批承接产业有序转移主平台，打造一批产业转移合作园区，探索多种形式双向“飞地经济”模式，推动产业园区标准化建设。主平台的“主”，就在于集中。在此轮产业有序转移中，更强调集中资源在重点领域和关键环节形成突破，省、市集中资源做强主平台，省里支持的资金、资源要素指标等主要投向主平台，所在市也要集中财力、物力、人力投放在主平台。

第三节　产业园区的投资模式分析

基于国际经济整体下行情形与多变的贸易态势，“双循环”战略，尤其是“内循环”战略已经成为目前支持和推进国民经济发展“十四五”规划的第一战略，产业园区已经成为地方经济招商引资、扩大投资、增加内需、实现城市化进程和有效预防国家安全危机的重要载体和平台。

一、产业园区投资主体

产业园区作为社会经济发展的重要支柱，一般体现大规模、多企业、广用地等建构特征，其投资主体要求实力雄厚且资源丰富，可以包括国家、地方政府、社区村居（经联社）以及各类型社会资本，参与形式丰富多样，投资比例、股权结构、工作分配均灵活多变，如图1-4所示，产业园区投资主体以政府投资型、企业投资型、混合投资型三种类型最为常见。

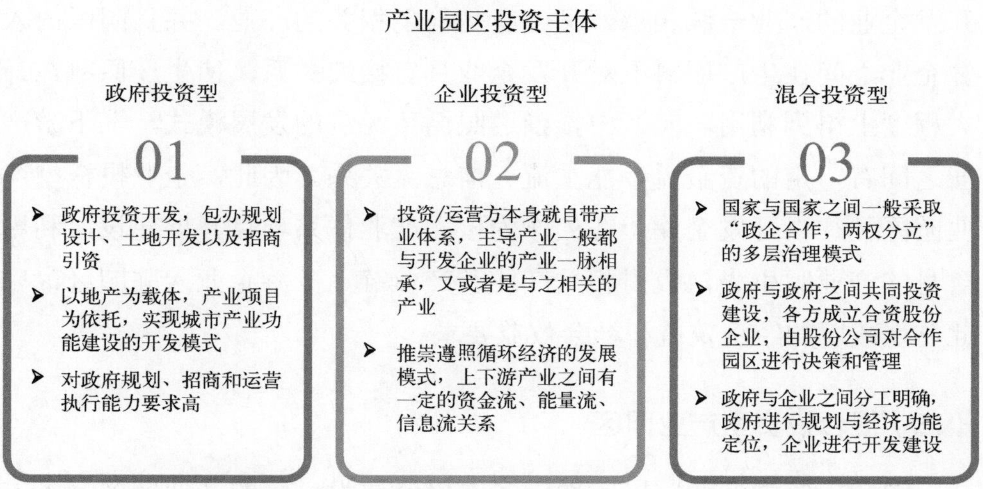

产业园区投资主体

政府投资型

01

- 政府投资开发，包办规划设计、土地开发以及招商引资
- 以地产为载体，产业项目为依托，实现城市产业功能建设的开发模式
- 对政府规划、招商和运营执行能力要求高

企业投资型

02

- 投资/运营方本身就自带产业体系，主导产业一般都与开发企业的产业一脉相承，又或者是与之相关的产业
- 推崇遵照循环经济的发展模式，上下游产业之间有一定的资金流、能量流、信息流关系

混合投资型

03

- 国家与国家之间一般采取“政企合作，两权分立”的多层治理模式
- 政府与政府之间共同投资建设，各方成立合资股份企业，由股份公司对合作园区进行决策和管理
- 政府与企业之间分工明确，政府进行规划与经济功能定位，企业进行开发建设

图1-4 产业园区投资主体分类

（一）政府投资型产业园区

我国最常见的产业园区投资模式为政府投资开发，包办规划设计、土地开发以及招商引资，在这个过程中实际上政府代行了开发商的职能，将政府和开发商的角色合二为一，又或者是委托专业公司运营的模式。在开发建设过程中，政府根据城市和产业发展规划的要求，基于当前社会经济发展等因素，依托于招商引资、土地出让等

方式对符合产业定位的发展项目引进，以地产为载体，产业项目为依托，实现城市产业功能建设的开发模式。但政府投资型产业园区也会存在许多问题，在规划、招商和运营执行能力不那么强的地方园区，烂尾现象就极容易产生。因此，有很多地方政府选择与企业合作，自己只保留决策权、审批权与税收，将规划开发建设运营的任务交给合适的开发商打理及市场化运作[1]。

（二）企业投资型产业园区

该类型产业园区通过园区内龙头企业带动行业发展及吸引资本进入，由于运营方本身就自带产业体系，因此园区的主导产业一般都与开发企业的产业一脉相承，又或者是与之相关的产业。并且园区内入驻企业之间在生产原料上对开发企业具有接续关系，使生产原料在最大程度上得到利用，园区内推崇遵照循环经济的发展模式，上下游产业之间有一定的资金流、能量流、信息流关系。因此，企业投资型产业园区往往以开发企业所在处作为核心产业体系项目开展建设，利用自身的产业吸引力，吸引相关产业及产业链上下游企业入驻园区，以此兑现政府的经济效益和社会效益要求。

（三）混合投资型产业园区

混合投资型产业园区，属于多方投资建设运营的产业园区。多方投资可以包括国家与国家之间、政府与政府之间和政府与企业之间等。国家与国家之间属于跨国合作园区，一般采取“政企合作，两权分立”的多层治理模式，即中国与合作国首先成立双边政府理事机构，并共建园区管委会，同时以合股形式成立开发公司对园区进行共同治理。政府与政府之间都属于共同投资建设，各方成立合资股份企业，由股份公司对合作园区的开发、招商和日常行政工作进行决策和管理，一同商讨探索最佳开发建设运营模式，并按合同协议和股份比例进行利润分配[2]。政府与企业之间属于政府部门与社会企业相互协调配合对产业园区进行开发建设，通常情况下由政府部门对园区进行规划与经济功能定位，由社会企业对园区进行开发、招商引流以及经济服务，入驻企业购置园区土地资源产生的经济效益由政府部门与社会企业共同享受。

二、产业园区投资方式

产业园区投融资方面，正面临着新时期的挑战与机遇。挑战源于近年来的政策，如《政府投资条例》《深入学习贯彻党的二十大精神 奋力谱写全面建设社会主义现代化国家财政新篇章》等中央文件，坚决防范地方政府融资平台债务风险，强化融资平台公司综合治理，严厉问责，终身追责，坚决清理，强力打击，必须控制地方债务风险和政府违规融资。限制政府投资行为、化解地方债务、严控金融风险已经被提升到了国家战略的高度，传统的投资路径已经逐渐被封堵。

在实践中，产业园区投融资一直是个热点和难点问题，是一切工作的“力量源泉”，在整个产业行业层面也十分具有代表性和示范性，融资方面频频“爆雷”的背后，折射出一个根深蒂固的行业发展痛点——“短贷长投”，银行和普通的信托贷款一般只有两三年，投资者巴不得明天就可以把本息都收回来，但是一个产业园区要产生收益至少要5～8年，这明显存在一种错配状况。

但存在挑战的地方亦布满机遇，现今从党中央到地方政府都在大力扶持实体经济的核心载体——产业园区，在符合条件的情况下，园区自然可获得资本市场优先扶持，以更好地发挥“三资功能”，包括杠杆化、平台化的融资功能，开发性、专业性的引资功能，节奏平衡、精细操盘的投资功能，组建“三资抓手”，如图1-5所示，包括资本引导、资源整合和资产管理，轻重结合地承接产业发展。

在政策环境日益趋紧的大环境下，加上具有稳定现金流的经营性资产不多，一般还本付息压力较大，园区在扩大资金筹措能力方面，应积极拓展融资对象，以开源节流，多用股性融资、少用债性融资，从传统城投式的信贷债务依赖症转向多层次资本市场和多元化融资

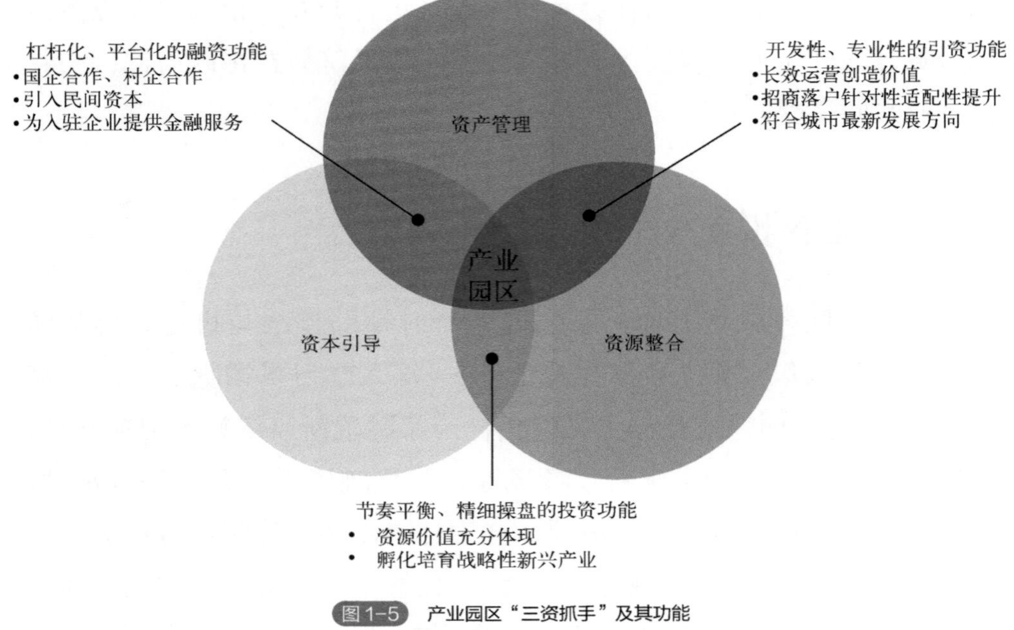

图1-5 产业园区“三资抓手”及其功能

组合。

资本的注入无疑是对产业园区进行加油、造血、提速，以下为产业园区常见的几种投融资模式，可供产业园区在实践操作中借鉴。

（一）IPO（首次公开募股上市）

产业园区若想在股市筹措中寻找投融资模式，目前常见的分为IPO（首次公开募股上市）及股权融资。上市，对于一个成规模、成体系的园区平台公司应该是首选的融资方法，而现今的政策也打开了一个十分利好的窗口。2019年5月28日，根据《国务院关于推进国家级经济技术开发区创新提升打造改革开放新高地的意见》，明确支持对有条件的经开区开发建设主体进行IPO上市[3]。目前已经有不少开发区跃跃欲试，在联合许多券商与金融机构共同筹划平台公司IPO事宜，这也将是未来一段时间各方力量都虎视眈眈的“大金矿”。这个大方向无疑是正确的，通过打造自己的上市平台，可以让政府园区平台掌握资本市场，以及倒逼自身规范管理和市场化创新。而通过上市平台在资本市场融资“造血”，再以产业园区主战场纵深进行产业培育、产业孵化“输血”，形成优质产业项目“细胞”向上市公司输送，上市公司通过资本市场再次融资助力细胞成长的良性循环，如此可让产业园区更好承担地方政府赋予的发展区域经济的任务。

但某种程度上，由于直接上市门槛很高，审批时间长，园区平台公司企业上市申请容易受到政策、宏观调控和自身特殊状况影响，属于千军万马过独木桥的情况，不可能有大批企业一拥而上实现IPO。这样一来，园区平台公司可以选择通过借壳上市来实现。所谓的借壳上市，就是指非上市公司通过购买一家上市公司一定比例的股权来取得上市地位，然后通过反向收购的方式去注入与自己有关的资产和产业业务，实现间接上市的目的。而想要实现借壳上市或买壳上市，必须首先要选择壳公司，要结合自身的经营情况、资产情况、融资能力以及发展计划。选择规模适宜的壳公司，壳公司要具备一定的质量，不能背负太多的债务和不良债权，具备一定的盈利能力和重组的可塑性。

一方面，IPO是帮助园区平台公司进行混改和规范的过程，而且受到业绩增长的要求，上市后的平台公司也有机会走出去进行全国化的重资产开发与轻资产运营服务扩张，例如东湖高新、市北高新、上海临港，目前都不局限于初始发展之地安于一隅，而是走向外部拓展。另一方面，IPO也更有利于园区平台公司进行业务的多元化尝试，探索更丰富多元的盈利模式。但IPO也会带来不好的影响，会增加审计成本，且要求园区平台公司必须符合SEC规定，比起未上市会失去对公司的控制，做重大决策之前需对外公开且取得董事会的同意，而从事风险投资等资本容易获利退场。

（二）股权融资

股权融资一般分为财务性引资和战略性引资。财务性引资普遍指园区平台公司让渡自身一部分股权来吸引市场资本进入，财务性投资者不会参与到园区具体的经营管理之中，仅享受财务投资的收益，有“明股实债”或“夹层融资”的属性，是一种债务型融资安排。目前市面上政府在开展大型建设项目时会发行一种专项债（地方债的一种），专项债是针对特定项目的债券，实际上也属于债务性融资安排的一种，个人或者企业都可在债券交易中心购买专项债，除收获简单的利息之外，在建设项目完工并实现收益后，购买专项债的个人或企业亦可收获对应的额外分红。而战略性引资，就不只是简单的财务性股权融资，作为入资方除了完成最基本的资本投入之外，更需要实实在在地参与经营管理，并按照持股比例享受经营收益。现今许多创业公司又或是深耕多年的传统企业，将更偏向于战略性引资，因为股权融资中最大的价值是免去本金与利息所造成的现金压力，通过出让一部分股权，换取资本注入，也给公司创造了发展的空间。

股权融资阶段分为种子轮融资及天使轮融资。

1. 种子轮融资

就是最早期的融资阶段，它的特点就是融资的金额比较小，因此得到的股权比例也比较低。通过拿到最开始发展阶段的一个初始基金，去解决当前的需求。种子轮的融资更多是一些个人投资人进行项目遴选，通常是项目主身边一些熟悉的人，或具备一定资金实力的人。

2. 天使轮融资

它会比种子轮融资的资金规模更大，融资的程序也会更规范，投资的主体资金实力会更强。在经过天使轮的投资以后，是否继续进行融资取决于项目的发展，根据项目发展对资金的需求，根据市场竞争对业务的影响，进而分析确定是否进行后面一轮又一轮的融资，但最终的目的只有一个，就是把融资跟项目发展阶段相对应起来。

通常情况下，前面接受的融资越多，那么出让的股权比例就会越来越多，那如果经过多轮融资之后可能实际上项目控制权已经易主。

因此，我们应该根据需要来进行融资，必须根据发展的规划来确定融资的节奏。当今股权融资已经具备了一定债务性融资的特点，要承担本金和利息的压力，这个特点最大的体现就在于有一个业绩对赌条款，或称股权回购条款。这个属于投资机构或投资人为了保证他自身的利益做出的兜底机制，例如会在股权投资协议里面加上一个债权形式或债务性的责任，要求被投资者在业绩目标没有达到或者园区发展存在某些情况下归还本金和利息。

（三）银行贷款

银行贷款在目前属于产业园区最常规的融资渠道。作为典型的重资产园区业务开发运营主体，政府园区平台公司对于银行贷款的依赖度较大，但是和传统房地产不同，产业地产多是偏远的工业用地，在银行贷款抵押方面几乎没有太多价值，银行也很难对此进行估值和冒险贷款。同时，产业园区的实际资金需求与银行各类资金在期限上存在一定的错配，且银行对项目资本金比例要求较高并需提供担保，融资成本与门槛较高；此外，银行对园区贷款也是基于其未来现金流进行贷款，且贷款要经过风险评估、审批等一系列流程，对贷款的还款来源、现金流等有相关要求，但现在很多产业园区早期只能产生较少的现金流或者不产生现金流，难以覆盖贷款本息，获批可能性大打折扣。

不过，以往由于背后有政府的支撑，政府园区平台公司也往往是银行最青睐的优质客户，通过政府获取贷款的情况较为普遍。但是近几年随着政策不断趋严，打破刚性兑付，银行的态度也逐渐有所变化，还是倾向于回归正式的经营数字与报表上。当然，临港集团、张江高科、东湖高新、苏高新集团这类发达一二线城市的品牌龙头类平台公司还是能够获得不菲的贷款支持。

另外，对于普通主题产业园区而言，如果属于国家扶持的产业，如三农产业、流通行业、生物医疗、环保科技及高新技术产业，由于符合国家的产业政策，往往相对容易获得金融企业以及相关政策性银行的特殊信贷政策支持，所以针对国家产业政策和信贷政策扶持的有关规定，要进行深入的理解和分析，以在具体融资分析中区别对待。

除了开发贷款，还有所谓的“经营性物业抵押贷款”。产业地产在未来一定要走向资产运营和自持阶段，尤其是很多园区平台手中有大量只租不售的经营物业，因此经营性物业抵押贷款也会是未来园区平台公司常用的一种融资形式。

总体来看，银行目前对产业地产领域较为支持，因为风险积累相对少，又是政府大力扶持的市场，不少银行被赋予扶持实体经济和中小企业的政治任务，园区当然是最好的资金投入承载体。不过，由于这个市场缺乏标准，很难比较精准地估值和评估风险，因此其态度较为慎重与保守，但不排除未来会衍生一些创新型的产品和政策。

（四）BOT模式及其他投融资模式

BOT，全称为Build-Operate-Transfer，即建设-运营-转让，属于政府与私人企业常见的投融资模式。这种模式属于私营企业参与基础设施建设，向社会提供公共服务的一种方式。在中国，这种模式有另外一个名字，叫“基础设施特许权”模式，具体是指政府部门就某个基础设施项目与私人企业（项目公司）签订特许权协议，授予签约方的私人企业（包括外国企业）来承担该项目的投资、融资、建设和维护，在协议规定的特许期限内，许可其融资建设和经营特定的公用基础设施，并准许其通过向用户收取费用或出售产品以清偿贷款，回收投资成本并赚取利润。政府部门对这一基础设施有监督权和调控权，特许期满后，签约方的私人企业将该基础设施无偿移交给政府部门[4]。

如表1-1所列，除BOT模式外，还有其他如PPP模式（Public-Private-Partnerships）、ABS模式（Asset-Backed-Securitization）等多种投融资模式，针对不同的基础设施项目类型通常会采用不同的优先选择融资模式以及辅助融资模式。

表1-1　各种投融资模式及其内涵意义

融资模式	融资内涵
政府投资模式	此类基础设施项目属于完全公益性，具备纯公共物品的性质，投资完全由政府独立完成
PPP 模式（Public-Private-Partnerships）	指公共部门通过与私人部门之间为了合作建设城市基础设施或者是提供某种公共产品或服务，通过签署合同来明确双方的权利和义务，以确保合作的顺利完成，最终使合作各方达到比预期单独行动更有利的结果
ABS 模式（Asset-Backed Securitization）	是指以目标项目所拥有的资产为基础，以该项目资产的未来预期收益为保证，在资本市场上发行高级债券来筹集资金的一种融资方式
TOT 模式（Transfer-Operate-Transfer）	指政府部门或国有企业将建设好的项目的一定期限的产权或经营权，有偿转让给投资人，由其进行运营管理；投资人在约定的期限内通过经营收回全部投资并得到合理的回报，双方合约期满之后，投资人再将该项目交还政府部门或原企业的一种融资方式
BOO 模式（Build-Own-Operate）	承包商根据政府赋予的特许权，建设并经营某项基础设施项目，但是并不将此项基础设施项目移交给公共部门
BOOT 模式（Build-Own Operate-Transfer）	私人合伙或某大型财团融资建设基础产业项目，项目建成后，在规定的期限内拥有所有权并进行经营，期满后将项目移交给政府部门
PFI 模式（Private Finance Initiative）	政府部门根据社会对基础设施的需求，提出需要建设的项目，通过招投标，由获得特许权的私营部门进行公共基础设施项目的建设与运营，并在特许期结束时将所经营的项目完好地、无债务地归还政府，而私营部门则从政府部门或接受服务方收取费用以回收成本的项目融资方式
EOD 模式（Eco-Environment-Oriented Development）	以生态保护和环境治理为基础，以特色产业运营为支撑，以区域综合开发为载体，采取产业链延伸、联合经营、组合开发等方式，推动公益性较强、收益性差的生态环境治理项目与收益较好的关联产业有效融合，统筹推进，一体化实施，将生态环境治理带来的经济价值内部化，是一种创新性的项目组织实施方式

先进案例

EOD模式开发项目简介如下。

1.蓟运河（蓟州段）全域水系治理、生态修复、环境提升及产业综合开发EOD项目

该项目的创新性在于在国内首次将EOD模式应用到整个流域生态环境治理中，积极践行“生态优先、绿色发展”的理念，是“绿水青山就是金山银山”理论对生态价值转化路径的探索。项目工期为20年，中标额约为65亿元，已顺利确定了社会资本方，进入项目执行阶段。

（1）生态需求　全面改善蓟运河（蓟州段）全流域的生态环境，提升环境承载力。

（2）项目内容　主要包括水资源配置、蓄滞洪区综合整治、水污染防治、河库水系综合整治与生态修复、山区水土流失保护、流域智慧化管理等七大工程。导入中国疏浚博物馆、国际会议中心、中心培训中心、国匠城、大型文旅及康养基地等产业及综合开发项目。

（3）融资方式　采取PPP商业模式，确定合法投资建设主体，与政府指定的平台公司依法成立流域投资公司。项目回款来源包含了水系综合治理专项资金、土地资源收益、经营性资产收益、政府购买生态服务、多元产业收益与股权转让所得。

（4）价值实现　破解地区发展中环境治理与资金需求的矛盾，发挥政府和央企各自优势，促进资源和资本结合，实现企业投资改善环境，环境改善提升资源价值，资源溢价反哺环境建设的良性循环，打通了资源变资产、资产变资本的生态价值转化路径。

2.杨溪湖湿地公园项目

该项目是成都以EOD为导向的沱江发展轴片区综合开发的重要项目之一。

该项目作为成都平原东北生态带的第一门户，充分利用所在地势地貌，打造出了最具“川东浅丘梯田湿地典范”，将为推动成渝地区双城经济圈建设注入更多生态活力。未来，成都国际职教城、通用航空机场、精品酒店、综合医院、商业配套等都将沿湖布局。

（1）生态需求 打造集居住、商业、航空等多种城市功能为一体的新发展理念生态公园城市示范区，为推动成渝双城经济圈建设注入生态活力。

（2）项目内容 保留成都杨溪湖湿地公园原有地貌植被，对农田、鱼塘进行梳理修复，形成有水面、湿地、缓冲区、山林、梯田的生态通廊。通过清水型生态系统建设，对杨溪河周边汇集雨水进行净化，提升湖区水体污染净化能力。

（3）融资方式 为游客打造昼夜独特体验游线，依托科创空间提升区域发展品质。

（4）价值实现 以“建海绵城市、筑公园城市”为目标，采用“治水－筑景－立城－聚人”综合技术手段，构筑人与自然和谐共生的生态立体城市空间，成功探索出一条适合川东地区的城市公园建设新模式。

3.江苏拟打造涵盖20万吨全地下水质净化厂的试点项目（循环经济产业园项目）

循环经济产业园项目位于苏州科技城，占地规模385亩（1亩=666.7m^2），将涵盖20万吨全地下水质净化厂、生态公园、循环经济产业园等建设内容，总投资规模约50亿元。

（1）生态需求 综合开发苏州科技城水质净化厂拆迁扩建项目。力争将其打造成为江苏省首个EOD试点示范项目。树立全国环保领域新标杆。

（2）项目内容 以循环经济产业园为示范样本，围绕废水、废气、固体废物、土壤和地下水、环境风险、环境监测监控与智慧园区建设等多领域展开全面合作，推动生态环境治理和环保产业发展有效融合。

（3）融资方式 苏州高新区与江苏省环保集团达成战略合作，共建。江苏省环保集团是省属大型战略性环保产业集团，是引导省市国有资本联动发展环保产业的主要力量。

（4）价值实现 以科技城EOD项目试点为契机解决环境效益难以转化为经济效益等瓶颈问题，推动实现生态环境资源化、产业经济绿色化。

第四节　产业园区的管理模式分析

产业园区能够实现区域人口增长、GDP和税收增加，激活地方发展动力，已经成为我国各级政府经营城市的主要模式，是在市场竞争中逐鹿的有力武器，是城市产业化、现代化、集聚化发展的催化剂，具有重要且深远的意义。产业园区的良好发展离不开优秀的管理模式支持，一个资源再好的产业园区如果没有经过妥善管理与引导，它将无法发挥自身最大资源禀赋与价值。

如图1-6所示，从现行产业园区管理模式上看，大致可分为政府主导型、企业主导型、政企合一型、产学研一体型、产城融合型、政府共建型六种。

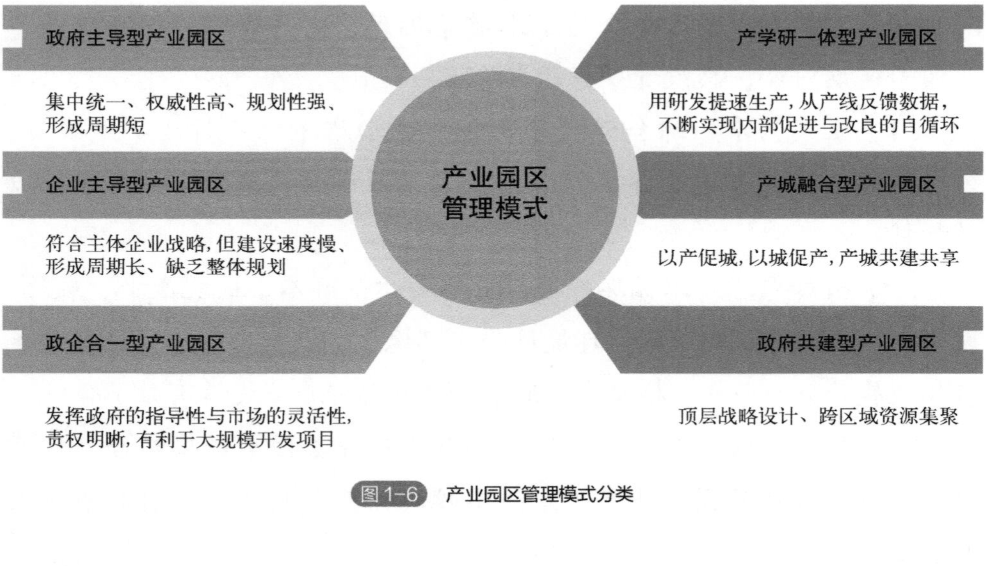

产业园区管理模式

政府主导型产业园区

集中统一、权威性高、规划性强、形成周期短

企业主导型产业园区

符合主体企业战略，但建设速度慢、形成周期长、缺乏整体规划

政企合一型产业园区

发挥政府的指导性与市场的灵活性，责权明晰，有利于大规模开发项目

产学研一体型产业园区

用研发提速生产，从产线反馈数据，不断实现内部促进与改良的自循环

产城融合型产业园区

以产促城，以城促产，产城共建共享

政府共建型产业园区

顶层战略设计、跨区域资源集聚

图1-6　产业园区管理模式分类

一、政府主导型产业园区

我国最常见的产业园区开发模式是政府主导，园区平台公司开发建设模式。它是以政府为主导[5]，根据城市和产业发展规划的要求，基于社会经济发展等因素，通过供地、政策红利、项目扶持等方式，靶向吸引符合产业定位的发展项目落户，实现城市功能建设的开发模式。政府根据产业运营的特点进行规划与开发，并在此基础上为园区提供政策支持、税收优惠等。这种模式的产业园区具备集中统一、权威性高、规划性强、形成周期短等优势[6]。

先进案例

长沙经济技术开发区成立于1992年，2000年升级为国家级经开区，是湖南省首家国家级经开区。园区位于长株潭自主创新示范区和长沙东部开放型经济走廊，经过近30年发展沉淀，园区形成了工程机械、汽车及零部件、电子信息等“两主一特”产业格局，工程机械、汽车及零部件产业均为千亿产业。截至目前，园区共有规模以上工业企业237家，年产值亿元以上企业96家，年产值过10亿元企业18家，年产值过100亿元企业5家，年产值过1000亿元企业1家，世界500强投资企业34家。2019年，实现规模工业总产值2426亿元，规模工业增加值577亿元，工商税收155.5亿元。在21世纪经济研究院发布的《2019年全国经开区营商环境指数报告》中位居全国第八、中部第一，已成为中部地区工业发展的核心增长极和重要驱动力。

但在政府作为市场抓手的情况下也会容易出现部分产业园区的发展乱象。在招商引资的压力下，地方政府将动用所能动用的一切资源来吸引大公司投资落户，而各类公司也奔着廉价派送的资源而来，政府投资建设的产业园区得到了急速扩张，促进了工业地产的开发，变成了一场以社会资源作交易的“圈地运动”。公布高大上的策划理念，虚构项目，罗列完美的数字指标，达到理想的利税，先拿地，再围挡，几通一平后等候企业进驻，外看一片繁花似锦，内看则皆是陋室空堂。又或是利用房地产模式开发工业地产，未进行合理的规划设计，“一锤子买卖”心理比较严重。初始服务平台呼声叫得最响最全面，但实际却做得最差，以工促商、以商养工的长效收益意识淡薄，企业被诱哄着走进产业园区，哭喊着出不去，节奏太快结果企业高库存消化不了，资金沉淀在里面长时间导致现金流崩溃断裂，最终“烂尾楼”遍地，入驻企业同时唇亡齿寒。

二、企业主导型产业园区

企业主导型是指在特定产业领域内具有强大实力的企业获取大量的自用土地后建造一个相对独立的工业园区，并在自身入驻园区且占主导地位的情况下，借助其在产业链中的强大号召力，以出售、出租等方式吸引同类企业或上下游加工商集聚，最终完善整个产业链的开发建设模式。这种模式以龙头企业为主导，一方面符合主体企业战略发展的要求；另一方面带动同类产业的聚焦，促进了整个城市经济的专业化建设。

先进案例

北京九州众创科技孵化器有限公司是由九州通集团旗下北京九州通医药有限公司投资成立的专注于医药健康产业链孵化的专业孵化机构，是中关村硬科技孵化平台、中关村特色产业孵化平台、北京市小型微型企业创业创新示范基地、北京CED互联网产业园区、大兴区创业孵化示范基地。公司立足医药大健康产业领域，依托于九州通丰富的医药产业链资源，着力整合创业资源，打造专业孵化体系，建立平台生态，形成产业聚集效应，加快企业成长。

但企业主导型产业园区也容易陷入一些发展误区，在企业主导园区开发招商引资过程中，一味追求大型企业并非最佳选择，应该按照市场规律和产业链发展进行企业引进。产业园区不应是大型企业的专属区，也不应是中小企业的试验田，更不应是小微企业的“攀高枝”，而应是大中小微企业按照产业链条的需要进行梯度式配置入围。忽视全产业链的有效配置，单纯地铺罗撒网，来者不拒，终究将是没有核心竞争力的临时建筑，仅贪图一时的兴盛势必造成繁华背后的荒凉再现。而且，从城市建设的角度来说，相较政府主导的开发建设模式，龙头企业投资的开发建设模式是自发形成的，因此存在建设速度慢、形成周期长、缺乏整体规划、具有一定程度的盲目性等劣势，难以形成城市专业化发展的主要模式。

三、政企合一型产业园区

政企合一型产业园区是指政府主导，园区平台公司开发建设模式与龙头企业投资的开发建设模式混合运用的开发模式。在这种模式下，政府提供土地，给予减免税收等优惠政策，并成立管委会负责行政管理事务，园区平台公司或地产商投资开发建设并提供相应的园区服务，龙头企业入驻发挥产业号召力，多方合力共同推进产业园区开发和经营。

先进案例

湖南省产业园区建设领导小组发布的《2020年湖南省产业园区工作要点》给出改革的方向，即以推进市场化改革为主线，以推进亩均产出提高、特色产业集群培育提速、绿色集约化发展水平提升为重点，推动实现园区经济质量变革、效率变革、动力变革。2017年，金荣集团与祁阳县合作，开创了“政企合作，园企共建”的EPC+O模式，共同建设运营祁阳科创产业园，由“政府建园”转变为“市场建园”，由“政府招商”转变为“市场招商”，以成本价向企业销售标准厂房等市场化手段，又以成本价收购闲置园区资产，注入产业资源，提升资产价值，这些是EPC+O模式的重要创新。结合产业培育和企业服务，推动祁阳科创产业园高质量发展。经过两年多的发展，园区规模工业总产值由180亿元提升到350多亿元，税收由3.5亿元提升到

7.6亿元，规模工业企业由79家增长到169家，建成24万平方米标准厂房，完成37万平方米标准厂房的招商，培育了5个主导产业，极大地推动了祁阳产业的高速高质量发展，实现了园区经济总量大提升，发展质量大跨越，整体面貌大变样。

政企合一型产业园区既能充分发挥政府的指导性，也能发挥市场的灵活性，责权明晰，有利于引入多元化投资主体实施综合性、大规模成片开发项目。但是，这种模式对政企关系协调要求非常高，如果政企关系处理不当，很容易造成产业园区发展停滞不前的局面。结合前三种产业园区管理模式，单纯采用一种方法很难顺利推进产业项目，因此，必须基于区域经济发展情况设计具有针对性的开发方案，灵活运用多种开发建设模式，才能提升园区开发效率，实现园区经营目标。

四、产学研一体型产业园区

产学研，产指的是企业的市场经济，在市场经济的前提下企业寻找更加适合自身发展的合作方式，以科研机构、高校的人才、研究成果输出作为企业发展的原动力，同时也为高校、研究机构提供研究和人才培育所需资源。学是指高校的人才培养计划，高校的人才培养能更加适应社会企业的需求，以高素质的专业人才来完成对行业内的转型需求，在人才产出的同时引进社会专业人才对高校的人才库进行充实。研是指科研机构的技术挖潜。借助社会企业的良好平台及资源，科研机构在技术开发的同时完成对研究方向的规划，以单纯的技术型研究机构转型成技术、方向性兼顾的研究结构，同时研究成果将推动企业以及行业的整体发展。

产学研产业园区构建初衷就是充分利用学校、企业以及科研单位等多种代表不同环境和资源的载体，发挥各自优势，把以课堂传授知识为主的学校教育与直接获取实际经验、实践能力为主的生产、科研实践有机结合，用研发提速生产，从产线反馈数据，不断实现内部促进与改良的自循环。但这种结合倘若停留在企业提供实训场所，参与指导实训等内容的层面，不能深化内涵，在经济高速发展、市场逐步成熟的今天，高等职业技术教育将很难实现办出特色的目标。

先进案例

张江高科技园区创建于1992年，是中国第一批国家级高新技术园区。经过20多年的发展，已形成信息技术、生物医药、文化创意和低碳环保四大产业集群，被誉为中国的硅谷。在张江高科技园区发展过程中，产学研合作模式不断发展优化，极大地促进了园区综合创新能级的提升。而张江高科技园区的产学研合作发展，大体上经历了三个阶段，在这三个阶段产学研合作模式具有不同的发展变化。

（1）破解产学研梗阻，重点是体制内的科研院所和高校如何把掌握的技术转移给市场。在这一阶段张江高科技园主要着力于打通产、学、研三者的合作通道。但在当时未在产学研问题上提供足够的支持，鼓励科研人员出来兼职或创业，但不能使用原单位的开发技术、专利以及商业秘密，导致大多数科研人员走上了发表科研论文、晋升职称的道路，产学研梗阻在事实上并没有真正突破。因此，在当时产学研基本上是在两个不同体制内各自进行循环，两个体制之间的产学研合作数量少，基本上不能互联互通。

（2）打造产学研联盟，即产学研各主体合作建立研发中心。要在现有体制约束下最大限度地发挥产学研功能，构建产学研联盟成了张江以及上海的主要选择。产学研联盟主要是机构与机构之间建立的一种相对稳定的契约关系，尽管并没有实质性地解决机构内部科研人员的激励问题，但和前期零星的产学研相比，已经有了巨大的进步。产学研联盟的主要模式分别有：官（指政府）产学研型联盟，以政府为主要发起人，整合高校、研究机构、企业三方研究资源而成立的现代化产业联盟；龙头带动型产业联盟，以龙头企业为核心，连同国内顶尖的科研院所而形成的产学研联盟；共建研发机构，以行业企业与高校共建实验室或技术攻关小组等；联合培养研究生，企业与高校、科

研院所共同签订了共建研究生联合培养基地的框架性协议。

（3）以企业为主体的产学研合作，围绕企业的需求展开产学研合作。进入21世纪，上海发现产学研存在着严重的非均衡发展现象，即学和研的成果很多，但能够市场化、产业化的很少，技术市场化前的“临门一脚”成为上海的短板。为此，上海市政府开始鼓励以市场为导向、以企业为主体、以政府为支撑的产学研发展模式。鼓励企业作为产学研的主体，需要政府切实推出一系列优惠政策，打破制约企业尤其是国有企业的制度瓶颈，加大企业通过产学研来提升自主创新能力的积极性。这样，产学研合作逐步开始向“产”（也就是企业）进行聚焦。

五、产城融合型产业园区

“产城融合”是指产业与城市融合发展，以城市为基础，承载产业空间和发展产业经济，以产业为保障，驱动城市更新和完善服务配套，进一步提升土地价值，以达到产业、城市、人之间有活力、持续向上发展的模式[7]，实现“以产促城，以城促产，产城共建共享”的建设目标。城市没有产业支撑，即使再漂亮，也就是“空城”；产业没有城市依托，即便再高端，也只能“空转”。

产业是城市发展的基础，城市是产业发展的载体，城市和产业共生、共利。以政府为主导，定位好符合区域持续发展的产业、城市规划及城市功能配套，鼓励发展新兴产业，通过积极引入优质的开发工业园，借助社会进行招商引资，整备产能落后的工业园区，由政府和相关的企业机构进行统一管理，实现产业结构转型。

随着产业规划的不断发展，功能单一的产业将逐渐被市场淘汰，生产功能与生活功能的结合，使城市蜕变成一座职住平衡、产城融合的产业新城[8]。通过多元化的上下游产业同步导入，塑造产城融合核心竞争力，以资源整合优势，避免产业发展的瓶颈，在关注第二产业发展的同时，注重生产性服务业的配套，提升产业附加值；而在产业新城内仍需均衡配置居住功能、商业功能，满足园区内产业人口的居住需求外，同时丰富了产业人口的业余生活，最终实现增进产业园的凝聚力和活力。

先进案例

常熟市高新区，一个实现“左手产业，右手生态”的代表性产业园区。作为国家级的高新区，是产城融合发展的优秀样本，是常熟市发展响亮的名片。高新区产业特色明显，已成功引进汽车相关企业160家，2021年规上汽车企业实现开票销售526.5亿元，约占苏州规上汽车产业产值的21.8%（苏州全市2413亿元）。丰田、三菱、大陆、西门子、上汽、一汽、中航工业、航天科技等19家世界500强企业投资了38个项目，法雷奥、马勒、延锋、日本精工、天纳克等10家全球百强汽车供应商投资了18个项目。形成了以汽车及零部件、高端装备制造、高端电子信息和高技术服务业为主的特色支柱产业，并在加快布局氢能源、数字经济、健康医疗、新材料等战略性新兴产业，大力发展现代服务业。先后获评国家火炬常熟汽车零部件特色产业基地、国家汽车零部件高新技术产业化基地、工信部国家新型工业化产业示范基地等称号。区内建有氢能源汽车产业园、人工智能科技产业园、UWC+创新岛、中日创新合作产业园、医疗健康产业园等新兴产业园区。

左手产业、右手生态，接下来便是“造城”。近年来，常熟市高新区不断加大配套建设投资，一批中高档住宅区、人才公寓相继建设；常熟理工学院东南校区、常熟国际学校、科创大厦、同济科技园等陆续投用。在此基础上，常熟高新区立足产业升级与城市塑造协调推进，按照“高起点规划、高标准设计、高质量建设、精细化管理”的要求，以集聚人流、物流、信息流、资金流为导向，不断丰富金融、科技、商务、休闲、现代社区居住等功能。重点围绕区内企业创新创业需求，加快产业载体建设、城市功能配套及基础设施建设，努力形成基础开发、功能开发、形态开发齐头并进的产城融合开发新局面。

六、政府共建型产业园区

党的十八大、十九大以来，党中央、国务院高度重视区域合作工作，对促进各地区协调发展、协同发展、共同发展，做出了一系列重大决策部署，同时，国家相关部委出台了一系列政策，促进区域协调一体化的发展。通过跨区域共建产业园区的区域协作模式，能够发挥协作区的比较优势，促进共建园区双方各类要素之间的合理流动，同时能够促进共建双方资源的高效集聚，增强区域创新发展动力，促进区域协调发展。因此政府共建型产业园区，即跨区域共建产业园区应运而生。

共建双方从本级政府机构派出相关领导和专业管理人员成立共建园区协调发展委员会和共建园区管理委员会。协调发展委员会作为共建园区的最高决策协调机构，协调规划共建园区未来投资建设方向、建设目标和招商优惠政策等一系列相关问题，而管理委员会作为共建园区的管理机构，主要职责为共建园区的行政管理。在共建园区内进行建设规划，代表共建地政府部门行使辖区管理职能和管理权限，对园区的发展规划、产业规划、运营开发、招商引资、园区基础设施建设等负责。

在运营创新方面，共建双方应该立足共建地城市发展方向、共建双方的区域合作、资源的有效整合和利用，同时考虑到园区企业的发展，将园区的发展战略和产业定位与共建双方的优势结合起来，通过共建地政府赋予园区管委会的行政管理职权，对共建园区的招商、产业、基建等进行有机的结合，创造出具有双方共建特色的园区运营模式。在服务创新方面，完善共建园区的增值服务、提升园区物业管理服务、优化科技创新服务。除了为共建园区入园企业提供基本服务之外，还要根据其个性化需求提供深层次的延伸服务，为企业的发展提供价值提升。园区发展也向信息化、数字化方向发展，共建双方应积极探索适应园区未来发展方向的全新物业服务模式，为入园企业提供更满意的服务，激发企业的创新创造力[9]。

先进案例

深圳全市面积1997.47平方公里，是中国最小的一线城市。经过40多年的高速发展，土地和空间已经成为制约深圳发展的关键要素之一。为打破土地和空间的限制，深圳市先后建立起深汕特别合作区、宝安与江门飞地、湖南衡阳白沙洲深圳工业园区、新疆喀什深圳市产业园、陕西深陕（富平）新兴产业示范园等众多“飞地”。

其中，深汕特别合作区以高新技术项目、重大项目、规模集聚项目为招商优先方向，建设鹅埠先进制造集聚区、深汕湾机器人小镇、深汕海洋智慧港、深汕工业互联网制造业创新基地。深汕湾机器人小镇已引进显控、华睿丰盛、科卫、三宝、天鹰智能、控汇智能、普盛旺、合发、云鼠、远荣、金旺达等十余家实体企业，锐博特创新基地等平台项目，储备了哈工大机器人集团、中航联创、赛迪研究院等20多家优质企业。2020年截止，全区已累计供地产业项目96个，其中已投产30个，动工建设34个，开展前期工作32个，计划总投资超过528亿元，全部达产后预计年产值近千亿元。

传统的共建产业园大多采取“先建设，后招商”模式，容易出现园区规划设计与企业生产需求不匹配的问题，导致后期招商难，园区场地闲置浪费。如今多地已实现共建产业园的创新开发模式，通过前移招商环节，实现基础设施建设与招商引资、规划设计同步推进，探索出新型“政府引导、优势互补、政策叠加、园区共建”的跨区域合作模式，推动复制共建产业园的崭新模式。

第五节 产业园区的建设现状分析

目前全国范围内制造业发展情况呈现百花齐放但发展失衡的特点，而产业园区作为制造业的重要载体，亦彰显出“多类型、良莠不齐、差距大”的现状。制造业发展的时空特点促成了其自身内涵及内部产业活动的多样化，受运营模式、聚集目的、发展特征、分布规律等因素影响衍生出了不同的产业园区类型，呈现出涉及不同产业层次、覆盖经济领域广泛、多种类型互为补充的发展态势，并逐渐向多功能、专业化、综合性的方向发展。从各地不同的产业园区命名上来看，其中也反映出各个园区运营主体和行政主管部门不断总结经验和不断尝试创新、不断进行发展模式完善的过程。

一、国内产业园区的数量及分布

国内的产业园区自经济特区肇始，到沿海开放城市、沿江城市、内陆城市，再到西部地区，在国土空间范围内已经形成多层次、多领域全面发展的空间格局，根据《中国开发区审核公告目录（2018年）》，截至2018年全国开发区数量已超过2500个。

国家高新区经过30多年发展，走出了一条具有中国特色的高新技术产业化道路，成为支撑引领高质量发展的重要力量。截至2020年底，国家高新区总数达169家，其中东部70家、中部44家、西部39家、东北16家；建设了21家国家自主创新示范区，成为实施创新驱动发展战略的重要载体。

国家经开区方面，1984～1986年，经过中华人民共和国国务院批准，首先设立了14个国家级经济技术开发区；截至2015年9月，中国共设立219个国家级经济技术开发区；截至2021年，中国共有国家级经济技术开发区232家。

资料链接

赛迪顾问园区经济研究中心《园区高质量发展百强（2022）》：

此次共有53家国家级高新区、47家国家级经开区入榜百强。百强园区中，GDP超过1000亿元的园区共有48个，高新技术企业数量超过300家的园区共有65个，进出口额超过500亿元的园区共有40个。其中，53家入榜的国家级高新区，企业营业收入达334773亿元，占所有国家级高新区企业营业收入的78%。47家入榜的国家级经开区，实际利用外资达318亿美元，占所有国家级经开区实际利用外资总额的52%，马太效应正在释放。

二、广东省产业园区的数量及分布

再将目光放在广东省内，根据《中国开发区审核公告目录（2018年）》，截至2018年，广东省内国家级经济开发区146个，国家级高新区14个，省级开发区100个，省级以上工业园区共180个，除汕头的南澳县及清远市的连山县、连南县、阳山县外，实现了省内县域全覆盖。在用地面积上，省级以下工业聚集区超过173万亩（1亩=666.7m²，下同），其中珠江三角洲149万亩。

但与此同时，省内高水平工业聚集区偏少，目前广东省工业集聚区主要分为省级以上工业园区和省级以下工业集聚区两个级别。与其他发达省份对比，截至2021年，江苏省共有13个地级市，国家级工业园区65个，浙江省共有11个地级市，国家级工业园区42个，而广东省共有21个地级市，国家级工业园区36个，各地级市国家级工业园聚集密度和发展水平与江苏省、浙江省存在明显差距。现阶段广东省韶关市、汕尾市、阳江市、潮州市、揭阳市、云浮市共6个城市辖区内尚未形成国家级工业园区。据统计，广东省省级以下工业聚集区超过173万亩，其中位于珠江三角洲的约占149万亩，而如此庞大面积的土地所能提供的工业增加值仅占珠江三角洲工业增加值的2%，是典型的低效用地。

资料链接

深圳前瞻产业研究院有限公司统计数据：

如图1-7所示，广东省内各地市形成的产业集聚体（含规划）数量从多到少排列如下：深圳市4424个、广州市2714个、东莞市2337个、佛山市1623个、惠州市1077个、中山市739个、江门市605个、珠海市

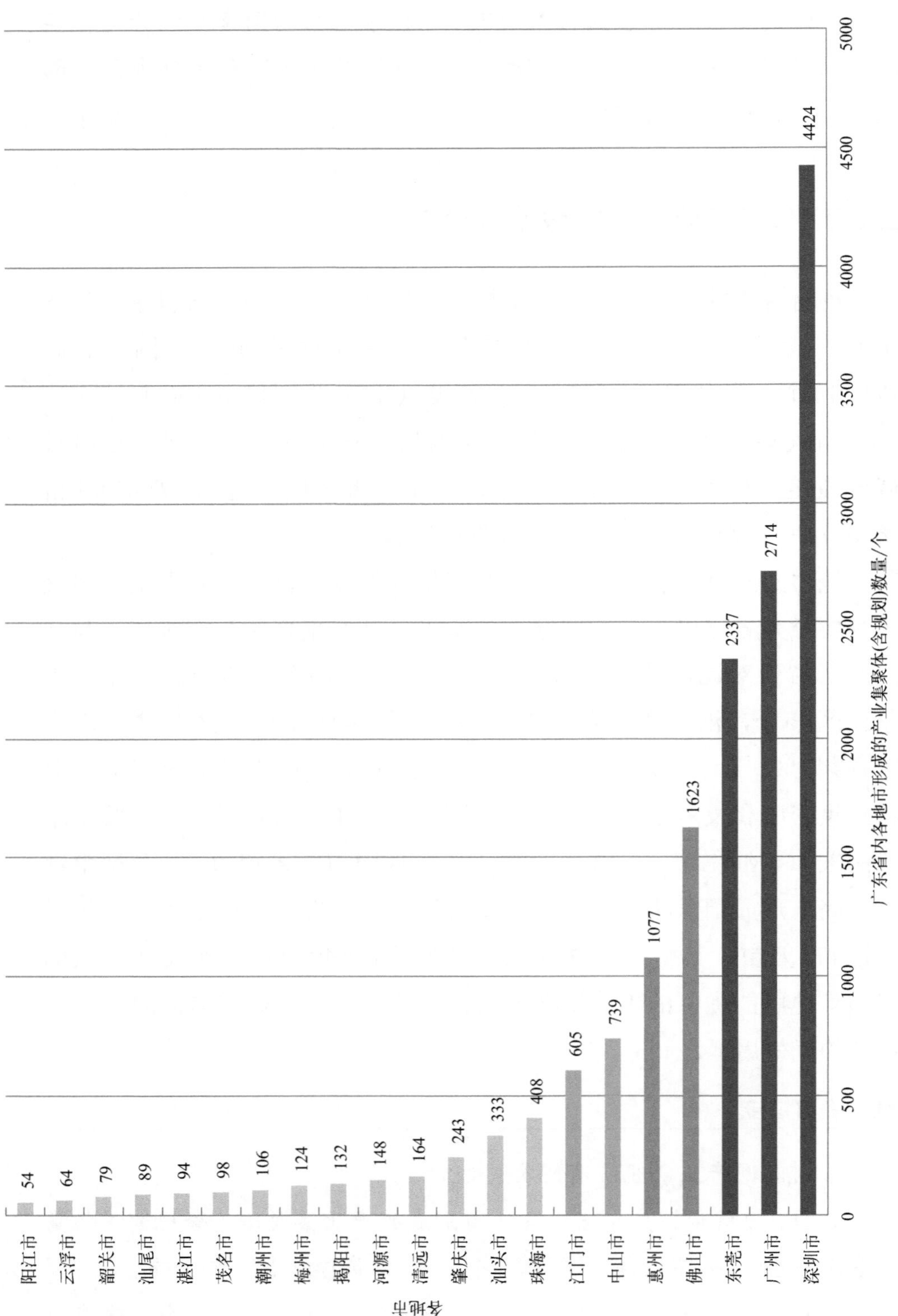

图1-7 广东省内各地市产业集聚体数量分布

408个、汕头市333个、肇庆市243个、清远市164个、河源市148个、揭阳市132个、梅州市124个、潮州市106个、茂名市98个、湛江市94个、汕尾市89个、韶关市79个、云浮市64个、阳江市54个。

第六节 产业园区的演化趋势分析

产业园区作为我国社会经济建设和制造业发展的重要运营载体，从1979年蛇口工业园成立以来经历了40年的发展，产业园区在建设的路途上不断探索，推陈出新，几经迭代，已逐步形成数项清晰、具备参考性和可复制性的规划、投资以及建设发展模式。成熟且具备现代化特色的产业园区实现了发展规模和质量上的快速成长，已成为所属行政区域影响制造业价值链条的重要抓手，是推动区域经济协调发展的重要力量。

园区产业结构和空间布局不断优化是相应制造业在追求合理化和高端化过程的必然结果。伴随制造业和生产性服务业由城市中心向城市外围辐射、转移，园区作为城市优化产业空间布局的有力措施，其产品设计、开发模式、盈利模式等均与经济发展不同阶段的需要相适应。改革开放以来，部分先进、发达的制造业发展均呈现出其所代表产业园区社会效益和经济效益相互叠加的态势，其园区演化趋势具备参考价值，如图1-8所示，主要分为5个方面。

一、从“重招商引资”向“优化管理”转变

招商引资可以理解为产业园区通过提供特殊优惠政策，吸引企业进驻，从而增加自身投资量、确保正常生产运营的方式。而优化营商环境是地方政府、司法机关等多元主体通过政治、经济、法治及对外开放等多领域的制度建设，为投资主体营造公平投资软环境的政府新型经济职能履行方式[10]。在全球化进程中，当今园区间的竞争

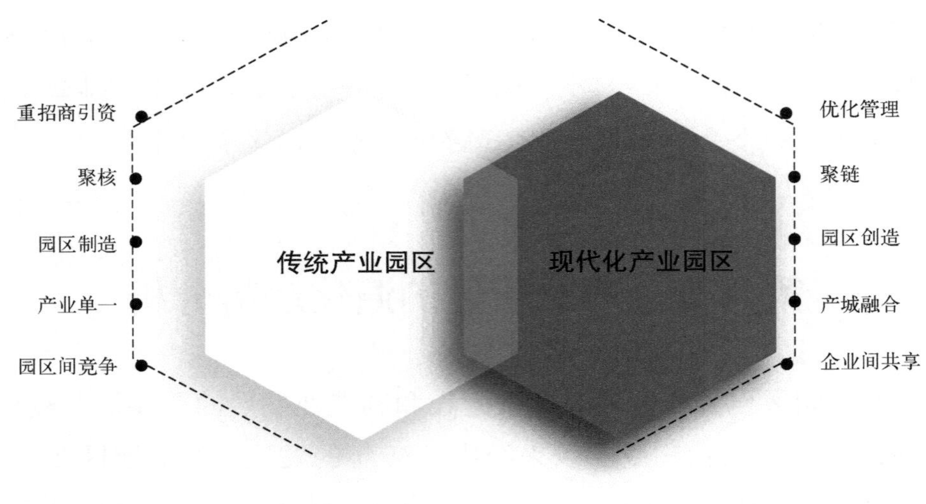

图 1-8 产业园区五大演化趋势研判

已由依靠特殊优惠政策以及低成本要素的单一策略，转变为建设生产环境、市场环境以及生态环境的综合博弈，而优化辖区内的营商环境已经成为提升地方政府治理体系和治理能力现代化的重要突破口、主抓手。

经济发展进入新常态，廉价劳动力、大量土地供应、不计环境成本肆意开发等粗放型发展已告终，各种优惠政策带来的低成本优势逐步消退，如何提高企业的竞争力，使企业在价值链的竞争中不断创新和学习，向高增值的价值链环节攀登是新型工业化道路中需要面临和解决的关键问题。

促进产业园区和产业集群的健康发展是实现新型工业化的重要途径，而产业园区的运营管理则是园企一心向上、共同进步的关键保证。产业园区和产业集群可以产生明显的外部规模效应，从技术创新的角度看，园区以多种不同的管理方针建立了非常有益于创新的环境，有利于大批中小企业向专业化、社会化发展，产生较强的内部规模效应，促进了产业区域分工和新型产业基地的形成。

二、从“聚核”向“聚链”转变

所谓“聚核”，即为龙头企业引起的行业集聚，并最终形成同类型企业优势产业集群一体化协同发展的局面；此类园区内有着丰富的上下游产业链业态，集群式的发展让企业有着较强的抗风险能力，是“聚链”形成的萌芽阶段。

立足园区核心资源基础上，整合人才链、产业链、研发链等各类关键要素集成于一体后，伴随园区产业的高质量发展，并在“聚核”的基础上培育一批头部企业成为产业群的“群主”、产业链的“链主”，进而带动产业链自发的“建链、强链、补链”，才能形成具有更强核心竞争力的产业集群生态。

1. 建链

“建链”需要找准链条的关键环节，以人才链为例，人才兴旺需要依托产业教育，需要整合国内外高端产业教育资源，而吸引产业教育资源，就要从产业教育空间、产业教育师资、产业教育培养、科技成果转化、产业人才就业、产业人才生活配套等关键环节，逐一发力。

2. 强链

所谓强链，就是进一步锻造长板，让长板变得越来越长，增强发展主动权，对于园区而言，强链就是要提升园区的科技含量，提升产业生态能级。“强链”政策创新的核心要点是要梳理重点、优势、特色产业的产业图谱并列出产业链条企业名单。掌握企业的核心政策诉求，园区围绕研发平台打造、科技成果转化、全生命周期的龙头企业打造等方面的政策支持，落实落细相关政策，才能掌握产业发展的主动权，实现“产业强链”。

3. 补链

所谓“补链”，就是补齐短板和弱项，补齐产业链供应链短板，增强产业自主发展能力。补短板的重点是“基础”和“关键核心”等领域。通过应用牵引、整体带动，不断提高产品质量、性能和可靠性，以板块强带动、以产业擎支柱，链式整合、园区支撑、集群带动，充分发挥群主企业供应链核心作用，引导群主企业开展技术输出和资源共享，带动上下游企业协同发展。

三、从“园区制造”向“园区创造”转变

产业园区能够有效地创造行业的集聚动力，通过共享资源，带动上下游企业的发展，从而推动产业集聚的形成，推动产业合理布局，促进产业结构转型、升级。园区发展从土地、政策与人口红利驱动的发展阶段，到生产要素匹配与服务驱动阶段，再到投资、技术、人才、创新与模式驱动阶段，制造业的数字化、信息化、知识化、智能化、产业规模化和集约化特征将愈发明显。面对经济下行压力与激烈市场竞争，传统产业园区应加快推进园区智能化改造来提升产业承载能力、立足区域制造业基础优势，以高端化、智能化、绿色化为重点方向，实现“从无到有，从有到优”，从“园区制造”向“园区创造”转变。

园区创造是人才队伍专业化、创新创造日常化等为核心特征的精细化、智能化、高质量发展阶段。部分产业园区选择与高校、科研院所、企业研发机构等合作，共同探索、建立高层次创新人才的培养模式和产学研一体化的新机制，提出“政府搭台、高校办学、面向市场、后勤城市化、管理现代化”的产业发展模式。部分产业园区采用基础设施共享、校区相互开放融合的城市规划方式，协调创新资源供求关系，谋求产、学、研、用“门对门”的合作模式，形成以园区为主体、产学研紧密结合的技术创新体系。

借助以大数据、互联网、人工智能等为代表的信息产业技术，重新构建产业架构与生态，实现产业价值链的进一步分解和重新组合，探索精细化、智能化、高质量发展阶段，注重点面结合，协同发展与专业化发展和细分领域的创新，将有效推动园区产业从传统型向现代适用型、科技领先型和经济实用型转型。

四、从“产业单一”向“产城融合”转变

1. 产业单一

产业单一即为产业结构单一，是指城市中支撑的产业单一化，部分城市建设时把一个城市搞成“纺织城”“汽车城”“造船城”“金融城”“化工城”“印刷城”等，相当于“把鸡蛋放在一个篮子里”，一旦这个行业出现危机就会让一座城市的经济崩溃。产业“空心化”和城市“孤岛化”是区域发展中要着力避免的问题，按照产城融合发展原则，区域发展需要协调和处理好产业与城镇发展的空间关系，把产业园区作为城镇化的支柱，实现真正意义上的规模经济效益和社会效益，让城镇辐射和带动作用真正实现。

2. 产城融合

随着产业园的演化和发展，园区承载的功能日益多元化，大量生产活动在园区内并存聚集，从而推动了以产业园为核心的周边区域城市化进程，产业园经济与当地城市发展经济逐渐走向融合。为顺应这一发展趋势，一些产业园区主动谋求战略转型，从单一生产型的园区，逐渐发展成为集生产与生活于一体的新型园区，即所谓“产城融合”。

产城融合要求产业与城市功能融合、空间整合，城市没有产业支撑，即便再漂亮也就是“空城”；产业没有城市依托，即便再高端，也只能“空转”。城市化与产业化要有对应的匹配度，不能一快一慢，脱节分离。而且产城融合发展并不是一蹴而就，因此全面理解产城融合的内涵有利于提出更为合理的规划建议。

早在2015年国家发改委已发布《关于开展产城融合示范区建设有关工作的通知》，文件提出，在全国范围内选择60个左右条件成熟的地区，开展产城融合示范区建设工作。产城融合发展理念具有重要意义和作用：一是有助于实现城市土地集约化，扩大产业空间加速产业聚集；二是有利于增加就业人口，规避盲目城市化带来的空城现象；三是有利于构建城市产业生态体系，增强产业自我更新能力；四是有利于城镇化有序推进，促进城市一体化建设。

产城融合在于突破早期城镇化的弊端，把城市最新的土地资源、空间资源用于发展具备竞争力的优势产业或战略性新兴产业，引领产业升级转型和经济增长动力转化。一方面积极引入优质的、符合条件的产业园区企业，借助社会进行招商引资，降低政府打造工业园区的经济压力，通过市场化运作筛选、提升产业竞争力。另一方面，整备产能落后的工业园区，由政府和相关的企业机构进行统一管理，加速产业结构转型力度。

产城融合发展理念可以概括为以生态环境为依托、以现代产业体系为驱动、生产性和生活性服务融合、多元功能复合共生的发展模式，在此“生产、生活和生态”三生的优化合理布局显得尤为重要：其一是坚持以新兴产业为主导，瞄准高端产业和产业高端，优化产业结构，促进产业集聚，加快产业园区从单一的生产型园区经济向综合型城市经济转型，实现以产兴城；其二是探索新型城镇化的新路径，使城镇网络的主体骨架与主要产业的空间分布相互匹配相互呼应，提升城市运营管理的承载力，让高效有序的城市运转为产业发展创造需求，实现以城促产；其三是严格控制城镇化和工业化带来的生态破坏，强调发展绿色、低碳、可持续和循环经济体系，构建宜居宜业的良好生态体系，实现产城融合。

五、从“园区间竞争”向“企业间共享”转变

园区本是大量聚集、紧密联系企业之地，容易形成学习效应、辐射效应，但受制于情报资源少、传播空间窄、推广效率低、运营成本高等因素，部分园区在招商引资等活动中更多采取的策略是有商就招、能进就进，难以实现“选商择商、导向筛选、从优录取”，从而导致园区企业主体之间缺乏关联性，合作空间有限，难以实现共享发展。集群是产业园区竞争力所在，但部分园区主业不突出，为数不多的企业却分别从属若干产业，产业之间缺乏关联，配套协作无从谈起。部分园区则是另一个极端，同质化严重，主业雷同、相互争夺有

限的产业资本并形成重复竞争，导致上下游配套合作、创新创业等平台建设难以有序开展、推进。

在发展新常态下，产城融合、智慧发展等新生态正逐步形成，园区内部、园区与外部生态系统的资源要素交换模式发生了重大变化，以共享谋求跨越是园区发展战略首选。共享发展有利于园区内部资源深度开发，在智慧经济蓬勃发展的当下，园区内部企业之间，企业与园区管理机构、各类服务供应商之间信息更加畅通，内部资源流动更为便捷、成本更为低廉，将利用效率不高甚至是闲置的资源纳入到共享范畴，有利于促进园区与企业以更低成本换取更高效益。

共享发展的关键在于紧密各主体的关系，降低发展成本，提升发展水平，促进各主体在合作中实现共赢。当前，园区内部企业、行业之间“分割”现象较为普遍，不利于凸显特色优势、形成共享效应。共享发展有利于园区开发利用外部资源，高铁、高速、航空以及现代信息网络有效拓展了园区与外部生态系统之间的资源交换渠道，飞地经济园区、园区与大型企业集团共建“园中园”等新合作模式，使具有土地等稀缺要素资源的园区、具有核心竞争力的园区开展外部合作的成本更低，可为园区二次跨越提供外部动力。对于园区内企业间共享的促成，可从以下3个方面着手。

① 创新发展理念，努力营造共享发展的文化氛围。园区是区域经济发展的核心增长极，也是展示区域经济发展的窗口，要在共同促进区域发展的“指挥棒”下，树立敢于合作、共享发展的文化理念，培养共享土壤，植入共享基因，鼓励园区内部企业、服务机构等主体强化“友邻”意识，强化内部合作，引导企业树立开放文化，增强主动融入国家“一带一路”等战略的开放意识，主动走出园区进行资源配置，形成共享发展格局。

② 强化资源整合，大力聚集共享发展基础要素。积极引导园区内企业加快推进创新创业孵化器等载体，以及研发设计、实验验证、检测检验等创新服务平台和设备共享、教育培训等设施设备建设，并鼓励权益主体将使用频率不高的设施设备纳入到共享发展的范畴。

③ 切实推进智慧园区建设，打造共享发展的信息化平台。以大数据为抓手，紧紧围绕主导产业、重点企业以及重点设施设备，通过数据挖掘，形成大数据资源，加快搭建园区企业大数据服务体系。充分利用互联网、物联网技术优势，积极搭建各类应用，引导企业广泛利用各类共享资源促进自身发展，获取共享福利。

参考文献

[1] 刘黔. 特色产业园开发的模式及风险分析——以中交科技城为例[J]. 产业创新研究，2023（7）：56-58.

[2] 陶晨. 跨国合作产业园区的治理机制探讨——类型、难点与实现路径[J]. 商场现代化，2020（18）：3.

[3] 朱建融. 政府园区平台公司融资模式趋势分析[J]. 企业改革与管理，2019（24）：2.

[4] 梁继元. 基于“微基建”视角的新冠疫情下智慧社会的“微治理”能力研究[D]. 北京：中国矿业大学，2021.

[5] 凤麒. 上海国际医学园区集团有限公司促进园区发展的问题与策略研究[D]. 上海：华东理工大学，2017.

[6] 孙严育. 武汉市工业园区开发建设模式研究[J]. 现代商贸工业，2015，36（11）：3.

[7] 陈静，赵星，李军. 产城融合案例分析及启示——以南昌高新区为例[J]. 科技广场，2022（3）：74-80.

[8] 章俊. 探索适合央企的城市综合开发项目投资管理模式[J]. 中国科技投资，2020.

[9] 甄武警，张骏. 跨区域共建产业园区模式分析与思考[J]. 智能建筑与智慧城市，2021.

[10] 宋林霖，何成祥. 从招商引资至优化营商环境：地方政府经济职能履行方式的重大转向[J]. 上海行政学院学报，2019（6）：10.

第二章

粤港澳大湾区产业园区现状

湾区原是对地理形态的一种表现形式，但在区域经济学上衍生了特定的内涵。从经济学视角来看，湾区可以理解成为一个辖区完整、功能明确，并具有强大内聚力的经济地域单元，它因中小尺度的海湾内部紧密经济联系和密集经济活动而产生了城市网络，从而形成共同生产、生活和国际交往的区域经济体。纵观全球湾区经济体，纽约湾区、旧金山湾区、东京湾区和粤港澳大湾区，发展方向、主导产业各具特色，如表2-1所列。

表2-1　世界四大湾区比较（金融中心排名、代表产业、发展方向）

湾区	金融中心排名		代表产业	发展方向
粤港澳大湾区	中国香港	3	金融、航运、制造业、互联网	全球创新发展高地
纽约湾区	美国纽约	1	金融、航运、电子	世界金融核心中枢
旧金山湾区	美国旧金山	7	电子、互联网、生物科技	全球科技研发中心
东京湾区	日本东京	9	装备制造、钢铁、化工、物流、金融	日本核心临港工业带

注：主要城市金融中心排名来自于《2023年度全球十大金融中心城市排名（第12期）》。

1. 纽约湾区

纽约湾区，被称为世界第一金融湾区，位于美国东北部，是一个涵盖了纽约州、新泽西州和康涅狄格州的31个郡县的都市区，主要城市包括纽约、纽瓦克、纽黑文等。纽约湾区坐拥华尔街、纽约证券交易所和纳斯达克证券交易所。

2. 旧金山湾区

旧金山湾区，被称为世界上最重要的高科技研发中心，位于美国西部，主要城市包括旧金山、奥克兰、伯克利、圣何塞等，拥有谷歌、苹果、脸书、惠普、特斯拉等知名企业，是美国乃至世界科技力量的代表。旧金山湾区还是享誉全球的科教创新重地，有加州大学伯克利分校、旧金山大学、斯坦福大学等高校荟萃。

3. 东京湾区

东京湾区，位于日本关东地区，主要城市有东京、横滨、千叶等。湾区内钢铁、石化、现代物流、装备制造等产业十分发达，拥有东芝、三菱、佳能、本田、索尼等多家世界知名企业，以及横滨湾、千叶港、川崎港、木更津港、横须贺港等多个港口。

4. 粤港澳大湾区

粤港澳大湾区，位于我国东南部，包含广东省珠江三角洲9座城市和香港、澳门两个特别行政区。湾区内拥有深圳湾、香港湾、广州湾等多个港口，以香港特区、澳门特区、广州市和深圳市作为湾区的中心城市。

粤港澳大湾区也是世界四大湾区中人口最多、经济增速最快的“奋斗者”，正以昂扬姿态奋力向前、劈波斩浪。

第一节　粤港澳大湾区产业革新路线

一、历史过程演变

粤港澳三地地缘相近、人缘相亲，经济、政治、文化、生活等方面联系密切，自港澳回归祖国怀抱以来，粤港澳三地合作交流不断加强，共同互补发展。在粤港澳大湾区概念提出之前，粤港澳三地的范围曾被赋予不同区域发展概念。

（一）珠江三角洲经济区

1979年7月，中共中央、国务院在广东深圳、珠海尝试设立出口特区；1980年5月，改称深圳、珠海经济特区。1985年1月，国务院决定将长江三角洲、珠江三角洲和闽南厦门、漳州、泉州三个地区开辟为沿海经济开放区。

1994年10月，广东省委七届三次全会突出建设珠江三角洲，珠江三角洲由最初的广州、深圳、佛山、东莞、中山、珠海、江门，扩大为包括肇庆、惠州的九个城市（也称之为“小珠江三角洲”）。

（二）泛珠三角区域

2003年7月，广东省正式提出泛珠三角的概念，即将珠江流域相邻、经贸关系密切的广西、福建、江西、海南、湖南、四川、云南、贵州和广东九个省份，以及香港特别行政区和澳门特别行政区，纳入“泛珠三角区域”范围，简称“9+2”。

（三）粤港澳大湾区

2008年，《珠江三角洲地区改革发展规划纲要（2008—2020年）》，提出“推进粤港澳地区合作，共同打造亚太地区最具活力的城市群”。

2015年3月，国家发改委、外交部、商务部联合发布《推动共建丝绸之路经济带和21世纪海上丝绸之路的愿景和行动》，明确提出“打造粤港澳大湾区”。

2016年3月，《中华人民共和国国民经济和社会发展第十三个五年规划纲要》正式发布，明确提出“支持港澳在泛珠三角区域合作中发挥重要作用，推动粤港澳大湾区和跨省区重大合作平台建设”。

2017年7月，在习近平总书记见证下，香港特别行政区、澳门特别行政区、国家发展和改革委员会、广东省共同签署了《深化粤港澳合作 推进大湾区建设框架协议》。

2019年2月，中共中央、国务院印发了《粤港澳大湾区发展规划纲要》，明确了粤港澳大湾区的范围是新的“9+2”，即珠江三角洲九市，加上香港特别行政区和澳门特别行政区。

根据2019年中共中央、国务院印发的《粤港澳大湾区发展规划纲要》，明确粤港澳大湾区在地域上是指珠江三角洲九市，包括广州、深圳、佛山、东莞、惠州、中山、珠海、江门、肇庆，加上香港特别行政区和澳门特别行政区的辖区范围，总面积约5.6万平方公里。截至2022年末，粤港澳大湾区总人口约8629.04万人，整体实现地区生产总值约13万亿元，各城市具体人口及生产总值数据如表2-2所列；自2018年以来，粤港澳大湾区各城市人均GDP呈现波动上升趋势（各城市发展数据变化情况如图2-1所示，产业发展体系如表2-3所列），成为我国开放程度最高、经济活力最强的区域之一。

粤港澳三地合作自改革开放以后逐步开始，经历了40多年的发展，从制造业的低成本劳动力输出到服务业的全方位合作，从人口土地红利引导的粗放发展模式向重研发重创造的现代化高质量转型，从深港湾的设想到珠江三角洲城镇群的规划，再到粤港澳大湾区都市圈的发展战略，最终形成“9+2”新格局，经历了由区内到区外、由点到面、由里纵深的转变。

粤港澳大湾区在“一个国家、两种制度、三个关税区、三种货币”的条件下建设，经济体量巨大，并非一个简单的地理概念，它承载着该区域的产业经济、人口流动、政策导向等诸多要素，是一个庞大的系统，这说明粤港澳三地作为改革开放的前沿，一直是国家重点关注和着重推进开发的重要区域，也是我国区域发展的创新风向标。

二、时代意义特征

广东省拥有丰富的劳动力资源和土地资源，较强的工业制造能力，广阔的市场和投资领域；港澳地区则具有充裕资金和较高的科技研发能力，金融市场发育完善，建设粤港澳大湾区将整合和优化粤港

表2-2　粤港澳大湾区各城市人口、经济发展情况（2018 ~ 2022）

地区	面积/平方公里	2018年		2019年		2020年		2021年		2022年	
		人口/万人	GDP/亿元	人口/万人	GDP/亿元	人口/万人	GDP/亿元	人口/万人	GDP/亿元	人口/万人	GDP/亿元
深圳市	1997	1666	24221.98	1710	26992.33	1763	27759.02	1768	30664.85	1766	32387.68
广州市	7434	1798	21002.44	1831	23844.69	1874	25068.75	1881	28231.97	1873	28839.00
佛山市	3798	926	9976.72	943	10739.76	952	10758.5	961	12156.54	955	12698.39
东莞市	2460	1044	8818.12	1046	9474.43	1048	9756.77	1054	10855.35	1044	11200.32
惠州市	11350	585	4003.33	597	4192.93	606	4221.79	607	4977.36	605	5401.24
珠海市	1736	221	3216.78	233	3444.23	245	3518.26	247	3881.75	248	4045.45
江门市	9535	470	3001.24	475	3150.22	480	3202.97	484	3601.28	482	3773.41
中山市	1784	331	3053.73	439	3123.79	443	3189.15	447	3566.17	443	3631.28
肇庆市	14891	407	2102.3	409	2250.67	412	2313.24	413	2649.99	413	2705.05
香港特区	1089	745	25169.82	751	25254.98	748	23752.75	741	25456.64	747	24345.10
澳门特区	33	67	1064.82	68	1006.28	68	559.09	68	538.05	68	1526.77
粤港澳大湾区	56107	8260	105631.28	8502	113474.31	8639	114100.29	8671	126579.95	8644	130553.69

数据来源：各地市统计年鉴 / 国民经济和社会发展统计公报、香港政府统计处、澳门统计暨普查局。

各地区人均GDP/万元

	香港特区	澳门特区	深圳市	珠海市	广州市	佛山市	东莞市	惠州市	中山市	江门市	肇庆市
2018 年	33.78	15.89	14.54	14.56	11.68	10.77	8.45	6.84	9.23	6.39	5.17
2019 年	33.63	14.80	15.78	14.78	13.02	11.39	9.06	7.02	7.12	6.63	5.50
2020 年	31.76	8.22	15.75	14.36	13.38	11.30	9.31	6.97	7.20	6.67	5.61
2021 年	34.35	7.91	17.34	15.72	15.01	12.65	10.30	8.20	7.98	7.44	6.42
2022 年	32.59	22.45	18.34	16.31	15.40	13.30	10.73	8.93	8.20	7.83	6.55

2018 年　2019 年　2020 年　2021 年　2022 年

图 2-1 粤港澳大湾区各城市人均 GDP 变化情况（2018 ~ 2022）

表2-3　2022年粤港澳大湾区各城市产业发展体系

地区	第一产业比重/%	第二产业比重/%	第三产业比重/%	主要产业布局体系
深圳市	0.1	38.3	61.6	四大支柱产业：文化产业、高新技术产业、物流业和金融业 七大战略性新兴产业：新一代信息技术产业、生物医药产业、数字经济产业、高端装备制造产业、新材料产业、海洋经济产业和绿色低碳产业
珠海市	1.5	44.7	53.8	精密机械制造、石油化工、家电电气、电子信息、生物医药、智能制造、新能源新材料、现代物流与现代农业、高端服务业
广州市	3.5	28.2	68.3	支柱产业：汽车产业、电子产业、石化产业 八大战略性新兴产业：新一代信息技术产业、生物医药与健康产业、智能与新能源汽车产业、智能装备与机器人产业、新材料与精细化工产业、新能源和节能环保产业、轨道交通产业以及数字创意产业
佛山市	1.7	56.2	42.1	装备制造、泛家具、汽车及新能源、军民融合及电子信息、智能制造装备及机器人、新材料、食品饮料、生物医药及大健康
东莞市	0.3	58.2	41.5	电子信息制造业、电气机械及设备制造业、新材料、新能源、生命健康、人工智能、纺织服装鞋帽制造业、食品饮料加工制造业、造纸及纸制品业
惠州市	5.1	55.9	39	石化能源新材料、电子信息产业、生命健康、装备制造、纺织服装鞋帽制造业
中山市	2.5	49.4	48.1	智能家居、电子信息、装备制造、健康医药、纺织服装、光电、美妆、板式家具、半导体及集成电路、激光与增材制造、新能源、数字创意、现代服务业
江门市	8.6	45.7	45.7	新材料、新能源电池、智能装备、现代农业与食品、新一代信息技术、生物生产、节能环保、新材料、高端装备
肇庆市	18.0	41.7	40.3	新能源汽车及汽车零部件、电子信息、生物医药、金属加工、建筑材料、家具制造、食品饮料、精细化工
香港特区	0.1	7.3	92.6	金融服务、国际贸易、国际物流、科技创新、知识产权贸易、法律服务业
澳门特区	0	7.7	92.3	博彩旅游业、健康医药、现代金融、高新技术、会展商贸和文化体育

澳的创新资源，让大湾区九个城市和两个特别行政区发挥各自优势，弥补各自不足，形成更强的创新合力，显现新的综合优势。当前世界正经历百年未有之大变局，世界级城市群作为参与全球经济竞争的重要空间载体，建设粤港澳大湾区是国家特定发展条件下的时代任务，“拼船出海”“抱团取暖”“众人拾柴”具有重要的战略意义。

（一）应对新时期新挑战的战略选择

一方面，中高端制造业正向发达国家回流，低端产业向周边低成本国家转移；另一方面，产业发展又面临供给侧成本上升、资源环境约束增强、需求端消费升级等多重挑战。在这个趋势中，中国需要往高端制造业、先进制造业、精密制造业、智慧制造业等方向发展，需要优化区域合作创新发展模式，构建国际化、开放型创新体系。因此，谋划粤港澳大湾区建设，需要站在新时代背景和国家发展战略需求下对区域进行整体规划，也需要有全新的理念和思维。

当前，我国经济面临宏观投资收益下降、经济结构“脱实向虚”、“中等收入陷阱”的困难和挑战，既要改变实体经济供给与金融供给之间、实体经济供给与房地产供给之间的结构性失衡问题，也需要在技术上取得重大突破，培养尖端科研人才。湾区通过内部资源整合，正好可以具备上述条件，并有望推进粤港澳大湾区多地经济转型升级，实现“数实深度融合”，从过去的“前店后厂”合作模式向协同发展转变，从单向的技术引进向协同创新转变，建设成为科技产业的创新中心、国际开放合作的枢纽和样板[1]。

（二）区域协调发展协同治理的战略任务

当今世界区域竞争更多体现在城市群和都市圈的竞争。党的二十大报告明确，促进区域协调发展，并作出系列重大战略部署，要求“深入实施区域协调发展战略、区域重大战略、主体功能区战略、新型城镇化战略，优化重大生产力布局，构建优势互补、高质量发展的区域经济布局和国土空间体系”。

近年来，国家通过完善区域经济发展版图，形成长江三角洲城市群、京津冀城市群等19个城市群，以重点经济区、城市群等为支撑，以主要发展轴带为骨干，区域发展空间布局逐步优化，区域协作互动性明显增强。但同时，我国区域发展长期存在一些突出问题并没有得到根源性解决，例如区域分化、无序开发和同质化竞争问题，越来越多跨区域问题成为区域发展的掣肘。因此，新时期我国区域经济发展的重要战略任务，是要打破行政壁垒，协同推进基础设施建设互联互通、城市建设协调共进、产业体系协同提升、市场要素对接对流、生态环境联防联治等，促进区域深度融合，并在此基础上做强优势区域的长处，提升优势区域整体实力和竞争力。

无论是从国家战略层面还是广东省自身发展，无论是面向世界竞争还是面向国内城市竞争，粤港澳三地都有着共同的发展问题，三地经济都面临着各自转型需求，具有极强的交流、协调、合作的需求诱因，需要作为一个整体来进行规划和引导。

因此，粤港澳大湾区的建设，一是强调湾区经济，二是重视城市群建设，以更大的格局来整体设计与谋划。对标国际一流湾区，具有经济高速发展、创新资源集聚、生活环境优质、交通设施完善、区域发展功能明确等特征。而世界一流城市群，一般具备世界级城市、全球创新中心和金融中心，具有高度开放、创新引领、宜居乐业、区域协调、人口聚集等特点。因此，粤港澳大湾区城市群的目标，不仅是世界级湾区，也要打造世界一流的城市群，既包括经济发展目标，也包含优质生活圈等社会发展内涵，同时为避免同质化竞争，在合作目标上明确粤港澳各自的总体定位。

（三）深化改革扩大开放与国际接轨

在全球经济一体化大趋势下，中国与国际社会的互联互动空前紧密，国内国际经济的联动渗透至经济发展的各个环节。与此同时，中国经济的比较优势正在发生深刻变化，需要调整经济结构，提高制造业水平，创新服务业，提升自身在全球价值链中的位置，面临着进一步融入和引领全球化的多重挑战。

粤港澳大湾区将成为中国参与全球竞争、建设世界级城市群的重要平台，大湾区可凭借其特殊的历史文化和区位优势，共同开展国际产能合作，扬威海外，深化“一带一路”沿线国家在经贸、金融、生态环境保护及人文交流等领域的合作，携手打造推进“一带一路”建设的重要支撑区域。

三、未来发展策略

如表2-4所列，与其他湾区相比，粤港澳大湾区成立时间短，仍存在一定发展差距，但横向比较可发现，粤港澳大湾区面积最广、生产总值体量大、物流运输能力强，有着极为广阔的成长空间。

表2-4 世界主要湾区基本数字分析（2022年）

项目	中国粤港澳大湾区	美国旧金山湾区	美国纽约湾区	日本东京湾区
土地面积 /km^2	56107	17887	17312	36898
人口 / 万	8644	752②	1926②	4435
本地生产总值 / 亿美元①	19436.31	12171.9②	19020.8②	20940.4
本地生产总值实质增长 /%	3.13	10.9②	5.8②	-3.2
人均生产总值 / 美元①	22485	161946②	96210②	46824
机场客运量 / 万人次	6962.5	1194.0②	7544.0②	6418.2
机场货运及航空邮件量 / 万吨	658.0	237.0②	216.0②	315.4
港口货柜吞吐量 / 万标箱	8205.7	233.7	949.4	838.1
第三产业占 GDP 比重 /%	64.0	70.8②	78.6②	81.4

① 以当年平均外汇兑换率换算，来源于 2022 年末数据。

② 来源于 2021 年数据。

为实现高质量发展与“弯道超车”，粤港澳大湾区应立足于自身资源禀赋与独到优势，高瞻远瞩，战略先行。

① 以产业协同发展，带动“传统优势产业转型升级+先进制造业做大做强+战略新兴产业火炬高燃”；

② 以创新驱动发展，助力社会经济全方位进步与智能化、数字化、精细化转型；

③ 以转移保障发展，利用“工业上楼”“低效改造”等组合拳腾挪产业空间，重构工业载体，既解决粗放式发展所呈现的历史问题，又为后续产业集群的构建提供空间。

（一）产业协同发展

“协同”一词最早是由20世纪70年代德国科学家赫尔曼哈肯提出，他认为协同是在开放、复杂的系统中存在由多种因素影响的互不相同的子系统，这些子系统是从无规律的相互竞争、相互制约到有序互补的发展过程，子系统能共同应对外界因素的变化，使整个系统运作得更加高效和稳定。协同发展是指为了完成共同的目标，不同城市、地区、要素之间相互交流合作，通过达成多种协作意向，最终实现多赢的发展目标。

珠江三角洲九个城市与港澳两地的产业各有优势。粤港澳大湾区的产业发展，不仅要改善区域内落后地区产业组织方式、调整产业生产规模、提升产业技术水平，还要通过产业协同发展，消除区域内各地产业发展的障碍，形成产业互补，建立完整的区域产业链，实现互利共赢的发展目标。粤港澳大湾区产业协同可以包括以下几个方面。

1. 区域内完善的产业链协同发展

珠江三角洲九市和港澳地区，产业发展低梯度的地区应主动承接高梯度地区产业，促进产业转移和产业融合。当前，港澳地区经过多年的发展，其制造业空心现象明显，珠江三角洲与港澳两地的制造业产业链存在明显的断层，需要针对各地产业发展现状及新兴产业的发展，通过一系列施政方针引导湾区实现合理的产业布局，形成区域产业链，各司其职，促进三地产业协同发展。

2. 开展产业园区合作

湾区内各地通过自身产业优势，建立一系列产业园区集聚创新资源、培育型产业，通过资源共享的方式，带动关联产业发展，使城市群协同发展。例如，港深创新及科技园、南沙庆盛科技创新产业基地、横琴大湾区合作中医药科技产业园、中医药产业园等，提升了粤港澳大湾区三地科创资源流通及产业互补性，形成产业集群优势，为粤港澳大湾区的产业创新协同发展提供了更有利的条件。

3. 创新高度协同，实现产学研用一体化建设

在产业的创新协同方面，不同于世界级湾区，粤港澳大湾区存在“一个国家、两种制度、三个关税区、三种货币”等天然差异，对资金、人才、技术等创新要素的要求较高，首先应建立起科研成果转化机制，整合各地高校资源，为湾区培育高端科研人才；其次畅通中介服务体系，为创造、智造提供充足孵化、培育、包装、推广等综合性服务；还应形成金融高层次磋商协调机制，尤其在金融产业总量巨大的情况下，香港地区金融产业与珠江三角洲地区的金融业应形成聚集效应，不断增强内地金融对经济的贡献度和抗风险能力，深化金融市场主体创新发展。

4. 配套完善的产业扶持政策

推进粤港澳大湾区三地产业转移与产业承接工作，需要各地政府政策支持各地区产业结构的调整和产业升级。从城市功能、文化实力、现代服务业与国际化营商环境、金融创新、科技合作、人才引进等方面，制定各种有利的政策，以及进一步落实支持产业发展的相关实施细则，促进粤港澳大湾区资源的合理化配置，实现产业政策协同性，共同引领协同构建粤港澳大湾区现代化产业体系的发展[2]。

5. 地区间协同发展

深圳和珠海依靠天然的地理优势，分别与香港、澳门形成了较好的协同发展机制，包括在口岸、基础设施建设、科技、金融、食品安全、人才交流、文化产业、住房等方面，为产业形成高质量的发展奠定了良好的基础，为珠江三角洲与港澳特区深度融合与交流开辟了一条又一条通途。

（二）创新驱动发展

党的十八大报告已明确提出了实施创新驱动发展战略。一般而言，技术创新有利于提高经济增长质量。从企业层面看，技术创新可显著提升劳动生产率；从产业层面看，产业技术创新有助于将潜在的生产力转化为现实生产力，促进产业多样化、产业转型升级；从国际层面看，技术创新可优化国际分工，提高国际竞争力。

当前，从世界三大湾区来看，美国旧金山湾区作为创新驱动发展的典型湾区之一，形成了以全球创新中心“硅谷”为核心的高新技术产业集聚区。旧金山湾区科技创新元素主要包括：聚集了众多影响全球的高新技术产业与企业；具备来自全球的新知识、新发明和新技术及其本土产业化能力；打造了美国科技金融中心；拥有“大学-企业-投资者-政府”完善的创新生态系统。

旧金山湾区的崛起和发展之路虽难以复制，但可以借鉴旧金山湾区创新发展的经验，例如形成宽松的经营环境、完善的金融体系、纯熟的配套服务、充足的人才资源、广阔的思想碰撞平台等。为此，粤港澳大湾区创新驱动发展可从以下角度考虑。

1. 大学与企业的创新驱动循环

大学和湾区的发展应该是相辅相成的，一方面大学为湾区输送大量技术和管理人才，另一方面企业为大学提供源源不断的科研资金和高端设备。产学研用将大大促进湾区的科技创新，推动湾区的知识生产、技术商业化和创新扩散。

2. 重视人才的培育

政府和企业应重视吸引人才，充实科研人力资源，对于特殊人才和高技术人才，制定各种优惠政策，以优厚的待遇和良好的研究环境吸引科学家落户。鼓励大学、研究机构、学术团体等举办更多国际性学术会议，多渠道提供创新人才交往空间，促进交流，拓展创新创业的国际人才网络。

3．制定完善的创新制度和培育创新文化

通过出台更有力的政策引导支持创新龙头企业建设高水平研发机构，推进产学研协同创新，积极发挥市场和政府的作用，合力打造全球科技创新平台，构建开放型创新体系。

4．鼓励粤港澳大湾区风险投资发展

引进国际大型风险投资公司，支持设立多方出资的全域性湾区风险投资公司，合理利用政府基金引导风险投资发展，完善湾区创新创业全链条配套服务，助推共享经济、智能制造、数字经济，让所有具备价值的“想法”生根发芽。

（三）转移保障发展

如图2-2所示，珠江三角洲产业转移主要源于3大因素。

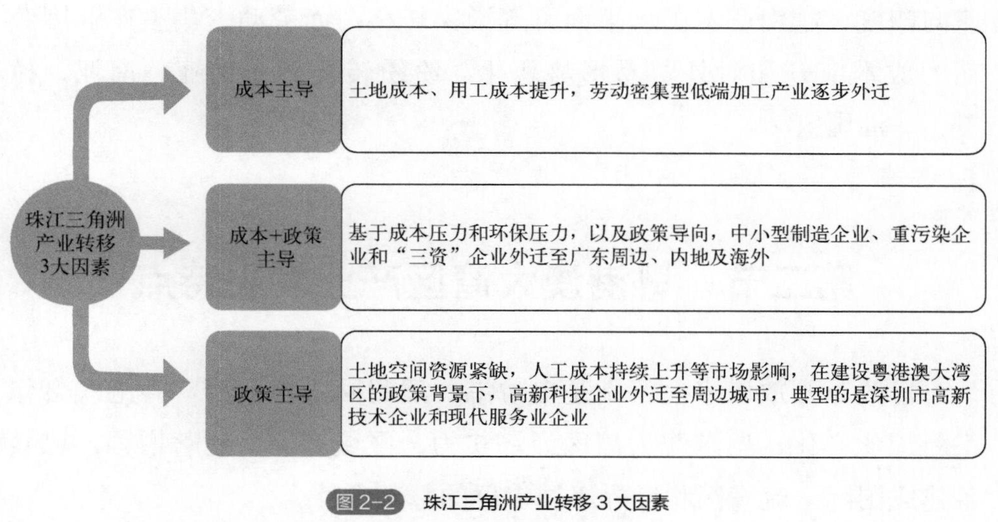

图2-2　珠江三角洲产业转移3大因素

1．土地空间资源严重不足

广东省呈现土地过度开发和低效利用并存现象，土地资源约束日益严重，尤其是珠江三角洲和潮汕地区，其中深圳市、东莞市的国土

开发强度逼近50%，中山市、佛山市超过30%，可开发土地与用地需求的矛盾十分尖锐。

2. 生产要素成本不断提高

土地价格、租金和人力成本持续高企，改革开放初期劳动力与土地红利已不复存在，取而代之的是逐年攀升的地价与用人成本，对低附加值的落后产能造成巨大威胁，租金上涨、招工难、价格战等因素仿佛利剑直刺心脏，随时预示着企业的倒闭。

3. 产业升级和产业结构调整

新的产业政策出台，产业导向与营商环境改变，造成部分产业的靶向转移，例如大量在改革开放初期植根深圳的制造业往东莞、惠州以及省内外其他城市、海外迁徙。

此外，受到国际贸易摩擦、全球经济竞争等多种因素的影响，具有世界领先优势的先进制造业正向发达国家回流，中低端制造业正加速向印度、越南、泰国、墨西哥等国家转移；而劳动密集型产业因劳动力成本上升和对外贸易形势恶化，纷纷转移到东南亚、南亚、拉美、非洲国家。

第二节　粤港澳大湾区产业发展特点

自改革开放以来，特别是自香港、澳门回归祖国后，粤港澳合作不断深化实化，粤港澳大湾区经济实力、区域竞争力显著增强，已具备建成国际一流湾区和世界级城市群的基础条件。

粤港澳大湾区地处我国沿海开放前沿，以泛珠江三角洲区域为广阔发展腹地，在“一带一路”建设中具有重要地位。交通条件便利，拥有中国香港国际航运中心和吞吐量位居世界前列的广州、深圳等重要港口，以及香港、广州、深圳等具有国际影响力的航空枢纽，便捷高效的现代综合交通运输体系正在加速形成。经济发展水平全国领先，产业体系完备，集群优势明显，经济互补性强，香港特别行政区、澳门特别行政区服务业高度发达，珠江三角洲九市已初步形成以战略性新兴产业为先导、先进制造业和现代服务业为主体的产业结构。

一、产业体系完备

广东省委、省政府高度重视制造业高质量发展，坚持制造业立省不动摇，加快建设制造业强省。“十四五”时期，是推动制造业高质量发展的关键期，也是产业进入全面工业化的攻坚期、深度工业化的攻关期。为适应新时期迈向更高质量发展阶段、发展更高层次开放型经济的要求，迫切需要巩固提升制造业在全省经济中的支柱地位和辐射带动作用，顺应高端化、智能化、绿色化发展趋势，加快全省制造业从数量追赶转向质量追赶、从要素驱动转向创新驱动、从集聚化发展转向集群化发展，积极参与构建以国内大循环为主体、国内国际双循环相互促进的新发展格局，全面提升产业基础高级化和产业链现代化水平，加快建设现代产业体系。

根据《深圳特区报》相关论点，加快建设具有国际竞争力的现代产业体系是一个复杂的系统工程，在具体推进过程中有众多需要高度关注的方面，其中最为关键的是聚焦“三个四”，即四轮驱动的产业体系构成、四大中心（港澳广深）引领协同的产业空间布局和四链（创新链、产业链、资本链、人才链）融合的产业生态打造。

其中四轮驱动的产业体系代表以先进制造业为支柱，以战略性新兴产业为先导，以现代服务业为支撑，以海洋经济为优势，构建粤港澳大湾区具有国际竞争力的现代产业体系，充分发挥粤港澳大湾区区位优势与发展基础，导向与目标明晰且具有战略意义。

（一）先进制造业

推动制造业高质量发展是当前和今后一个时期粤港澳大湾区经济

发展的重大战略。作为我国改革开放的前沿阵地，经过改革开放40多年的发展，粤港澳大湾区充分发挥劳动力、土地、资金等要素比较优势，主动融入国际大循环和全球产业分工，制造业发展取得明显进步，已经发展成为全国乃至全球重要的制造中心，具备了较为完备的产业体系和雄厚的制造业基础。

近年来，粤港澳大湾区逐步重视制造业高质量发展，出台系列扶持政策，着力巩固提升制造业在经济发展中的支撑带动作用，推动传统制造业转型升级。值得说明的是，粤港澳大湾区的制造业主要集中在珠江三角洲地区，如表2-5所列。环顾近年来珠江三角洲9市的发展，无论是工业总产值，或是工业增加值发展情况，珠江三角洲9市为大湾区乃至全国社会经济发展做出卓越贡献。

表2-5　粤港澳大湾区9市规模以上工业总产值和增加值

地点	工业总产值/亿元		工业增加值/亿元	
	2017年	2021年	2017年	2021年
广东省全省	135722.4	169785.1	31349.5	37453.1
珠江三角洲	112644.1	145806.1	25768.2	31992.2
广州	17751.17	22567.2	4131.02	5086.2
深圳	32119.15	41341.3	8022.73	9490.1
珠海	3943.56	5200.8	1139.37	1339.4
佛山	21015.53	26800.0	4335.33	5442.1
惠州	8166.93	9785.9	1850.49	2082.3
东莞	17628.53	24133.0	3618.19	5008.8
中山	4916.88	6440.6	1073.72	1402.7
江门	4161.11	5300.0	991.68	1280.7
肇庆	2941.20	4237.3	605.68	859.9

2023年初春，粤港澳大湾区就开始抢抓国家推动制造业高质量发展的政策机遇，召开推动全省制造业高质量发展大会，制定实施系列扶持政策，充分激活各类资源和要素比较优势，推动制造业规模不断壮大。粤港澳大湾区工业门类齐全，市场主体数量优势明显，广东省

拥有全国41个工业行业大类中的40个，规模以上工业企业数量、规模以上工业企业营业收入与利润、市场主体数量等重要指标均稳居全国首位。

粤港澳大湾区注重强化工业“先进性”和“现代性”，重点发展先进制造业和高技术制造业，推动工业结构向高级化发展。“十三五”期间，粤港澳大湾区先进制造业和高技术制造业比重持续提高，新旧动能转换加快，工业结构不断优化[3]，其中深圳市、惠州市先进制造业经济价值显著，相应规模以上企业工业增加值占比超过60%；高技术制造业方面，深圳一枝独秀，相应规模以上企业工业增加值占比领跑粤港澳大湾区内地9市，而其他城市（如佛山、江门、肇庆）亦存在较大提升空间（如表2-6所列）。

表2-6　2021年粤港澳大湾区内地9市现代产业发展状况

城市	先进制造业占规模以上工业增加值比重/%	高技术制造业占规模以上工业增加值比重/%
广州	59.3	18.8
深圳	68.8	63.3
珠海	57.1	30.8
佛山	49.4	5.8
惠州	64.1	43.8
东莞	54.2	37.9
中山	48.4	16.2
江门	40.8	12.7
肇庆	33.8	10.5

（二）战略性新兴产业

粤港澳大湾区依托香港、澳门、广州、深圳等中心城市的科研资源优势和高新技术产业基础，充分发挥国家级新区、国家自主创新示范区、国家高新区等高端要素集聚平台作用，联合打造一批产业链条完善、辐射带动力强、具有国际竞争力的战略性新兴产业集群，增强经济发展新动能。推动新一代信息技术、生物技术、高端装备制造、新材料等发展壮大为新支柱产业，在新型显示、新一代通信技术、5G和移动互联网、蛋白类等生物医药、高端医学诊疗设备、基因检测、现代中药、智能机器人、3D打印、北斗卫星应用等重点领域培育一批重大产业项目。围绕信息消费、新型健康技术、海洋工程装备、高技术服务业、高性能集成电路等重点领域及其关键环节，实施一批战略性新兴产业重大工程。培育壮大新能源、节能环保、新能源汽车等产业，形成以节能环保技术研发和总部基地为核心的产业集聚带。发挥龙头企业带动作用，积极发展数字经济和共享经济，促进经济转型升级和社会发展。促进地区间动漫游戏、网络文化、数字文化装备、数字艺术展示等数字创意产业合作，推动数字创意在会展、电子商务、医疗卫生、教育服务、旅游休闲等领域应用。

（三）现代服务业

建设粤港澳大湾区是新时代我国推动形成全面开放新格局的重大战略部署。粤港澳大湾区建设牵涉面广、涉及领域多，是一项复杂的系统工程。从大湾区形成发展的内在逻辑和全球著名大湾区产业演变规律看，起步于港口贸易、成长于临港工业、强大于现代服务业是发达湾区经济发展的普遍规律。抓住现代服务业“牛鼻子”、建设强大服务经济是粤港澳大湾区做大做强的重要途径。

从产业结构来看，如图2-3所示，珠江三角洲9市总体上与全国产业结构接近，第一产业、第二产业、第三产业占比分别约10%、40%、50%。2022年广东省工业增加值近4.77万亿元，是全国第一工业大省。细分到各个城市，肇庆市相对特殊，第一产业占比为18.92%，远超全国农业比重，农业优势显著；第三产业占比领先的是广州市、深圳市，服务业比重60%～70%，居全国前列。

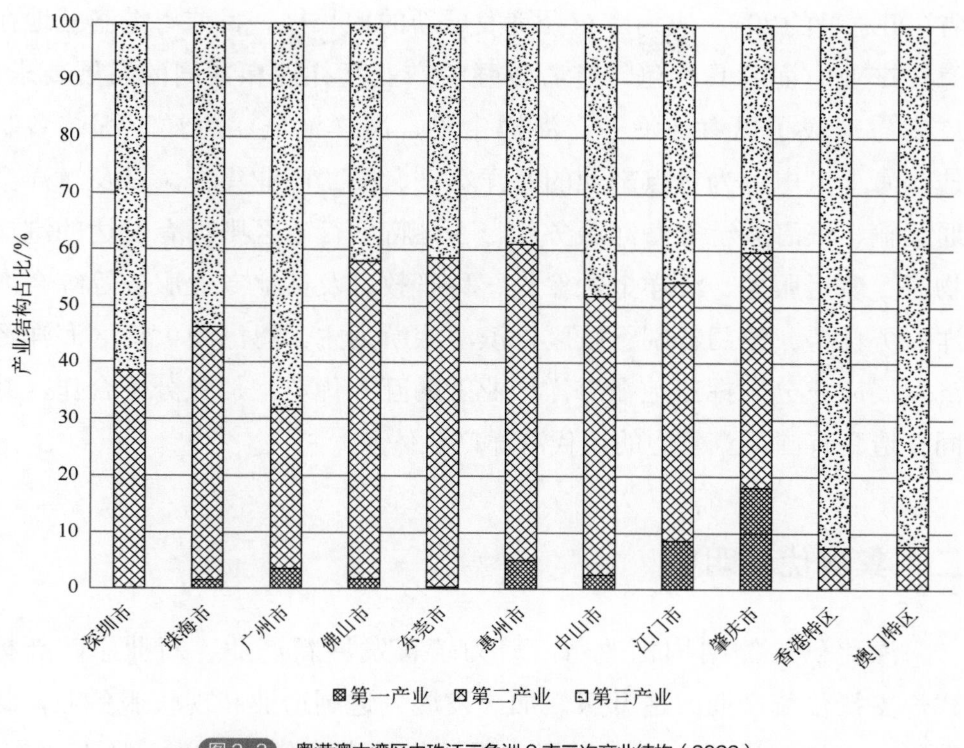

图 2-3　粤港澳大湾区中珠江三角洲 9 市三次产业结构（2022）

（四）海洋经济

海洋经济已成为经济高质量发展的“蓝色引擎”。广东海域面积达 $42\times10^4 km^2$，大陆海岸线约4114km，坐拥1431个海岛和510个海湾，区位优势显著。作为沿海大省，广东早已瞄准海洋经济，蓄势待发。

粤港澳大湾区剑指国际一流湾区和世界级城市群，其中海洋经济也成为各方关注的一大热点。2019年出台的《粤港澳大湾区发展规划纲要》提到，大湾区要构建具有国际竞争力的现代海洋经济产业体系，要加强粤港澳合作，拓展蓝色经济空间，共同建设现代海洋产业基地。

粤港澳大湾区具有优越的海洋地理区位和独特的资源禀赋，在发展海洋经济方面有着良好的基础。其中，海洋经济在广东省一直占有举足轻重的地位，连续23年居全国首位，当前年产值占比超过广东全省GDP总量的20%，成为广东经济发展新的增长极。目前粤港澳三地在海洋产业方面各具特色，有着较强的产业互补性和共同的发展要求。广东省形成了以海洋渔业、海洋生物、海洋油气、海洋工程装备制造、海上风电等为重点产业的海洋第一、第二产业集群，以及海洋交通运输、滨海旅游等海洋服务业。香港特别行政区则拥有发达的港口物流、航运服务、海洋金融保险、科研教育及其他专业服务等综合海洋服务优势。澳门特别行政区以滨海旅游为主。粤港澳大湾区海洋经济发展应充分发挥三地在海洋产业上的互补优势，加强分工合作，共同打造具有国际竞争力的现代海洋产业体系。

二、集群优势明显

深化供给侧结构性改革，着力培育发展新产业、新业态、新模式，支持传统产业改造升级，加快发展先进制造业和现代服务业，瞄准国际先进标准提高产业发展水平，促进产业优势互补、紧密协作、联动发展，培育若干世界级产业集群，属于粤港澳大湾区的目标、任务及使命。

产业集群是在一定范围区域内，一群在地理位置上集聚并且由一些存在关联性的各种类型的企业所组成的群体。城市群是在一定范围区域内，由各种不同性质、类型与规模的城市聚集起来所形成的群体。从实质上来看，产业集群与城市群协调发展是通过彼此间的互动联系，将区域内外资源要素高效地集聚起来，以某种资源配置方式与产业空间组织方式来进行某些对加强地方经济具有一定作用的经济相关活动和生产经营作用，这能使产业集群与城市群之间的叠加效果最大化，能再次推动产业与城市强有力的互动关系，形成一种“闭循环”模式[4]。

近年来，产业集群对中国区域发展和产业升级的作用愈加明显。最主要的原因是产业集群通过范围经济和规模经济效益能够降低成本，从而获得额外收益。除此之外，产业集群还能够提升集群整体的综合竞争力，减少产业组织内损耗、降低交易费用和社会成本；有利于知识外溢、技术扩散，有利于人才资源的培养，有利于专业性外部服务业和配套设施的发展。研究发现，地区产业结构与自身区域优势相匹配是高质量发展的区域经济布局形成的前提。

而粤港澳大湾区产业集群特色优势明显，重点产业集群领先全国，其制造业集群已经深度嵌入国际大循环和全球价值链分工体系。2021年3月，在工信部遴选的全国25个先进制造业集群竞赛优胜者名单中，广东省6个先进制造业集群入选，将成为全国重点集群培育对象。粤港澳大湾区产业集群规模优势明显，重点集群规模位居全国乃至全球前列，产业链涉及的上游研发、中游制造、下游应用服务等环节较多，产业链条较长，并呈现多个城市间跨区域协作、互补性较强的特点。2020年9月，广东省政府发布《关于培育发展战略性支柱产业集群和战略性新兴产业集群的意见》以及20个战略性产业集群行动计划，这被视作“十四五”期间乃至更长一段时间指导广东发展的重要举措。

（一）支柱产业集群

战略性支柱产业主要是指产业关联度高、链条长、影响面广，具有相当规模且继续保持增长的产业，是广东省经济的重要基础和支撑，对广东省制造业发展具有稳定器作用。“十四五”时期，十大战略性支柱产业加快转型升级，合计营业收入年均增速与广东省经济社会发展增速基本同步，重点领域中高端产品供给能力增强，稳固并提升广东省制造业在全球产业链价值链地位，进一步强化对全省制造业发展的基础支撑作用。

目前，广东省产业已初步显现集群化发展态势。新一代电子信息、绿色石化、智能家电、汽车产业、先进材料、现代轻工纺织、软件与信息服务、超高清视频显示、生物医药与健康、现代农业与食品等产业集群于2021年创造工业增加值超过4万亿元，成为支撑广东省经济稳定发展的十大战略性支柱产业集群。计划到2025年，战略性支柱产业集群营业收入年均增速与广东省经济社会发展增速基本同步，成为经济社会发展的基本盘和稳定器；战略性新兴产业集群营业收入年均增速10%以上，不断开创新的经济增长点。

（二）新兴产业集群

战略性新兴产业是以重大技术突破和重大发展需求为基础，对经济社会全局和长远发展具有重大引领带动作用，知识技术密集、物质资源消耗少、成长潜力大、综合效益好的产业。当前，全球经济竞争格局正在发生深刻变革，科技发展正孕育着新的革命性突破，发展战略性新兴产业成为世界主要国家抢占新一轮经济和科技发展制高点的重大战略选择。面对世界经济格局的变革与调整新趋势，国家着眼于我国经济社会可持续发展，及时做出加快培育和发展战略性新兴产业的重要决定，把战略性新兴产业培育成为国民经济的先导产业和支柱产业。

半导体与集成电路、高端装备制造、智能机器人、区块链与量子信息、前沿新材料、新能源、激光与增材制造、数字创意、安全应急与环保、精密仪器设备等新兴产业集群于2021年创造工业增加值约5800亿元，集聚效应初步显现，增长潜力巨大，战略意义突出、附加值高、技术先进，是未来发展的重要产业方向，成为对引领带动广东省经济发展的十大战略性新兴产业集群。

（三）“一湾三极”格局形成

当前，粤港澳大湾区已逐步形成以电子信息产业为支柱的高端产业制造集群，并围绕湾区西岸、东岸以及港澳地区三级打造各具特色的产业结构布局。深莞惠作为粤港澳大湾区东岸发展极，聚焦硬件导向和金融科技，形成知识密集型产业带，正奋力占据数字时代新高地。

核心城市深圳拥有华为、腾讯等高端技术领域的企业巨头，高科技巨头公司在产业集群的发展过程中可以发挥其创新驱动作用和鲶鱼效应，在带动上下游企业在核心城市集聚发展的过程中促进技术创新，推动产业集群高端化发展。而珠江西岸等外围地区依托产业外溢效应积极承接产业转移，促进产业转型升级，主要涵盖广佛肇、珠中江等地区，形成技术密集型产业带，以装备制造业为主，并产生明显的协同效应。以广佛肇为例，广州市和佛山市分别作为服务经济型和制造导向型，两城之间存在很好的错位互补关系，有利于带动西岸的产业协同效应。港澳方面在经历了大量轻工业企业外迁后，直接进入现代服务业阶段，两城均致力于推动高端服务业发展。港澳依托丰富的高校资源和完善的知识产权保护制度等，重点发展金融服务在内的高端服务业，积极对接内地制造优势。“十四五”期间，粤港澳大湾区“一湾三极”格局的形成，通过技术密集型为主的珠江西岸产业带，知识密集型为主的珠江东岸产业带和港澳地区高端服务业为主的服务密集型产业带，振兴传统制造产业和促进新兴产业高端化。这有利于进一步整合湾区内各城市的优势产业，为粤港澳大湾区产业协同发展奠定了基础，进而打造产业链完整安全的世界级产业集群[5]。

1. 金融业集聚助力粤港澳大湾区产业集群高端化发展

作为生产性服务业的重要组成部分，信息传输、软件和信息服务业属于资金、技术密集型服务业，其信息和技术资源能够推动生产性服务业的信息化发展，提高生产性服务业的服务效率。金融业集聚程度高的城市，其信息传输、软件和信息服务业的集聚程度也相应较高。两个行业同时在广州、深圳、珠海、香港这四个城市呈现较高的集聚度，而两个行业集聚水平低的区域分布也相近，主要集中在佛山、东莞、中山、江门、惠州、肇庆几个城市。这两个行业在集聚程度上的区域差异主要由两个原因导致：第一，信息传输、软件和信息服务业属于资本密集型产业，其培育和发展需要大量资金，而金融业的集聚可以带来充裕的资本供给，以及相对健全的融资渠道，这有利于高端服务业的发展，形成高端技术产业集群；第二，珠江三角洲核心城市面临着产业转型的压力，在这个过程中传统制造业纷纷向外围迁移，为生产性服务业的发展腾出了厂房、土地等生产要素，有利于生产性服务业在核心城市的聚集发展。其中，“雁阵理论”在珠江三角洲产业转移过程中得到了充分的体现。作为雁头的核心城市发展到一定水平时进行产业结构升级，由以劳动密集型产业为主转向以资本和技术密集型产业为主，劳动密集型产业向周边雁身地区扩散，进而形成雁阵产业发展模式。其中金融业在雁头城市作为资金密集型产业得到快速发展，集聚效应逐步增强，核心城市得益于金融业对经济增长的促进作用，在产业转移的过程中继续保持雁头城市的优势地位。深圳、广州两个城市作为雁头城市，在产业转移过程中逐渐减少传统产业的比重，并且传统产业发展过程中积累了资金和技术资源，这些资源在创新型高端化产业集聚过程中发挥重要力量。例如，深圳市的医疗器械制造产业近几年不断外迁，深圳宝安2016年与东莞松山湖科技产业园签约一系列重点项目，菲鹏生物2017年落户东莞市高新技术产业园。广州市的欧派家具从2017年开始将各分厂分批迁往清远，搬迁工作一直持续到2020年，“集团总部+基地”的经营模式促进企业发展迈向新阶段。

2. 传统制造业转移推动形成新产业集聚格局

由上述可知，珠江三角洲产业转型升级一方面促进核心城市生产性服务业的集聚，另一方面，核心地区的传统制造业向外围地区转移给外围地区制造产业聚集发展带来契机。粤港澳大湾区工业集聚总体呈现佛莞肇惠高，广深港澳低的特点，与金融和信息产业的聚集情况形成鲜明对比。

从工业区位熵[1]的计算结果来看，粤港澳大湾区的整体工业集聚水平都比较高，尤其是佛莞惠肇四个城市，区位熵值高达1.2～1.6。这些地区形成工业集群的动因主要包括环境因素和自身内在禀赋。

① 核心地区转型升级将传统制造业向外围地区迁移，这给外围地区传统制造产业的发展带来机会，人才、技术、资金随产业转移外迁，为外围地区工业集聚注入活力。

② 外围地区具备承接产业转移的基础和能力，充足的劳动力、土

[1] 区位熵是指一个地区特定部门的产值在地区工业总产值中所占的比重与全国该部门产值在全国工业总产值中所占比重之间的比值，用来判断一个产业是否构成地区专业化部门。区位熵大于1，则认为该产业是地区的专业化部门。区位熵越大，专业化水平越高。

地资源和完备的交通等基础设施都是形成产业集聚的基础。以交通为例，其是湾区内各城市要素流动与集聚的基础，发达的交通网络能够促进人才、技术、资金等要素充分流动。粤港澳大湾区近几年的交通网络不断完善，尤其是珠江口两岸的交通，推动湾区内各城市产业深度集聚和融合发展。

如图2-4所示，工业区位熵比较高的城市具备较高的公路密度，佛山和东莞两者的关系尤其明显，这是制造业发展的基础。2011年开始，珠江三角洲就进入路网建设高潮时期，广珠轻轨、江肇高速等轨道交通、高速公路干线交通项目不断推进，逐渐建成沟通九城的交通网络，为珠江三角洲产业集聚深度发展提供更广阔的平台。

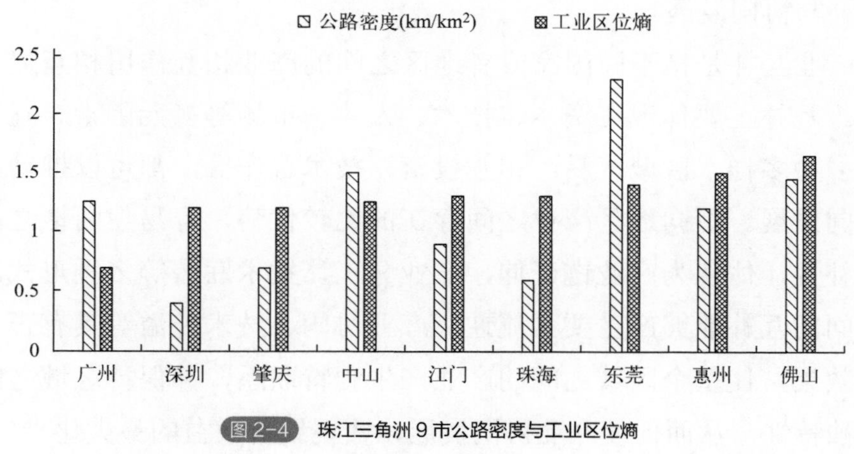

图2-4 珠江三角洲9市公路密度与工业区位熵

三、经济互补性强

商务部原副部长、中国国际经济交流中心副理事长魏建国曾做出判断“城市群的发展有领头雁，接下来就是‘雁阵式’发展。在粤港澳大湾区，要形成大雁阵带中雁阵、中雁阵带小雁阵的发展模式。以香港、广州、深圳为领头雁，带动东莞、惠州、江门等城市，进而带动周边小城镇发展。”

国内乃至国际上的传统城市群发展模式，往往是同质性的发展。而粤港澳大湾区城市群有一点恰恰值得重视：城市之间互补性很强。珠江三角洲除广州、深圳外，其他城市规模都不算大，都有很大发展潜力。建立世界级城市群，绝对不能像以前那样形成竞争性、排他性、独占鳌头式的发展，而是互补、错位发展。互补性发展是粤港澳大湾区城市群建设的第一步棋，也是至关重要的一步。

粤港澳大湾区涉及11个城市，两种制度，各城市拥有不同的产业基础。粤港澳大湾区作为我国重要的经济增长极与制造业基地，需要城市群的协同发展，因此可以通过大湾区城市之间不同产业的互补，缩小湾区内部的区域经济差距，促使技术、人才等高端资源与传统的人口、土地等禀赋资源进行合作，实现粤港澳大湾区内部城市群的产业互补与协同发展。

产业互补是指不同国家或者地区之间的产业相互作用相互促进的关系。互补主要体现在资本、技术、人才、市场等多元因素。互补的形式多种多样，区域贸易，相互投资，技术合作等，都可以推动产业的协同发展。不同地区产业之间存在的比较优势，容易使两地之间产生互补性，体现为产业链延伸，产业分工，技术联盟等多种形式。产业之间的互补能够产生要素流通、产业协同、技术外溢等具有正外部性的效果，使整个区域之间的产业产生独特联系，并保持区域之间产业的独特性，从而促使产业协同发展，实现经济效益的最大化[6]。

（一）三次产业结构的互补性分析

湾区内“三二一”的产业格局已经形成，服务业已经成为粤港澳大湾区内的主要支柱产业。而湾区内各城市发展阶段各有差异。广州、深圳、香港和澳门人均GDP、城市化率等指标均已步入发达经济阶段，经济发展逐渐以科技创新为主；珠海、东莞等城市正处于工业化后期阶段，正在不断提升自身制造业水平和科技创新能力；江门、肇庆则仍处在工业化中后期阶段，制造生产能力与服务业发展水平均有待提高，产业结构需要进一步优化升级。

从粤港澳大湾区内城市群三次产业结构可以看出，珠江三角洲作为粤港澳大湾区内重要的制造业基地，第二产业占比较高，制造业完整且发达，而港澳地区第三产业占比较高，服务业为城市的主导产业。但大湾区城市群的三次产业结构也存在一定的问题，珠江三角洲城市之间的发展不够均衡，工业化程度各不相同，肇庆、江门需要提升第二、第三产业发展水平；珠海、东莞等工业化城市仍需要进一步发展自身的第三产业，加快服务业的全面发展；而广州、深圳则需要进一步提升服务水平和能力，鼓励创新；香港、澳门作为国际化城市，服务业占绝对优势，但缺少工业对经济发展的关键支撑，因此虽然港澳地区人均经济发展水平较高，但经济发展后劲不足。工业化阶段各异，这些都成为粤港澳大湾区的产业互补的基础条件。

（二）重点产业内的产业链分工及互补性分析

1. 电子信息产业

电子信息产业是粤港澳大湾区的支柱产业。作为资本密集型和技术密集型产业，电子信息产业需要金融投资、科技创新、优化服务等方面来支撑产业发展，而粤港澳大湾区内的城市可以根据各自的产业优势，通过湾区内城市之间的产业互补合作来发展电子信息产业。

具体来看，从产业链角度看，珠江三角洲地区形成了比较集中的生产基地，主要有以东莞、深圳、广州和惠州为中心的电子计算机制造基地；深圳依靠华为等大型企业，是重要的通信设备制造基地；广州、深圳、珠海、东莞、中山，佛山、肇庆等地各有侧重，大力发展集成电路产业。从区域布局来看，珠江三角洲地区着重布局电子信息与智能移动终端设备的制造与维修，在维持生产制造优势的基础上进一步发展科技创新与管理服务功能，港澳则着重布局科技研发与服务环节，面向资本与国际市场。

从价值链角度看，珠江三角洲地区是中国电子信息产业布局最为密集的地区，大型企业如华为、中兴以及大批优质电子信息制造业企业均落户珠江三角洲地区。但由于其中部分企业在技术创新、管理、运营和海外营销等方面存在一定的不足，发展壮大受到了一定限制。香港受制造业空心化影响，电子信息产业的产能近年来有所下滑，但在研发、运营管理、金融资本市场等方面依然有着较好的优势，而且具有与海外市场合作的基础和环境，因此珠江三角洲地区与港澳在电子信息产业的合作互补，强强联合，将有效促进粤港澳大湾区电子信息产业的蓬勃发展。

2. 智能科技产业

珠江三角洲地区是中国工业互联网、大数据产业等智能科技产业发展最活跃的地区之一。党的十八大以来，珠江三角洲地区不断加快促进“两化融合”，促进新一代信息技术与制造业融合发展，突破产业边界。但由于珠江三角洲地区科研高等院校资源积淀相对匮乏，智能科技基础建设薄弱，智能软硬件自主研发能力不强，智能制造的研发能力亟待升级。同时，香港拥有香港大学、香港科技大学等一流的高校科研创新资源，具备世界领先的智能研究能力，但制造产业化能力较弱。因此可以联合珠江三角洲地区，打造“研发+智能制造”的全产业链。例如，大疆创新、固高科技智能科技公司均起源于香港高校，落地或发展壮大在深圳或东莞、珠海等大湾区其他城市，他们探索和整合了大湾区的优势资源，是典型的粤港澳大湾区智能科技企业。

深化粤港澳合作，进一步优化珠江三角洲9市投资和营商环境，提升大湾区市场一体化水平，全面对接国际高标准市场规则体系，加快构建开放型经济新体制，形成全方位开放格局，共创国际经济贸易合作新优势，为“一带一路”建设提供有力支撑。

构建分工合理、功能互补、错位发展的粤港澳大湾区城市群分工新格局，不仅有助于推动大湾区内部协调发展，提升大湾区产业链供应链现代化水平，还可为“十四五”期间加快构建以国内大循环为主体、国内国际双循环相互促进的新发展格局提供强大的内生动力。

第三节　粤港澳大湾区产业园区特色

产业园区是指以促进某一产业发展为目标而创立的特殊区位环境，是区域经济发展、产业调整升级、行业集聚创新的重要空间聚集形式，担负着汇集创新资源、培育新兴产业、推动城市化建设等一系列的重要使命。

伴随粤港澳大湾区各类改革发展战略的深化与落地，大湾区整体经济发展与产业转型升级的步伐亦逐步加快，产业园区作为地方政府聚焦资源、优化配置、产业改革的重要实践载体，更需要主动发力，推动创新与进步的巨轮在世界最具发展生命力的湾区中劈波斩浪、砥砺前行。目前，广东珠江三角洲产业园区发展迅猛并逐步提质增效，未来产业园区将在粤港澳大湾区新一轮发展中起到至关重要的作用，这将是粤港澳大湾区产业园区的一个“黄金时代”。

目前，粤港澳大湾区一般分为湾区西岸、东岸以及港澳地区。大湾区西岸（广州市、佛山市、肇庆市、珠海市、中山市、江门市）主要为技术密集型产业带，以装备制造业为主。其中包括新材料、新能源、电子加工等；大湾区东岸（深圳市、东莞市、惠州市）主要为知识密集型产业带，以新兴产业+高科技为主，其中包括互联网、人工智能、科技创新等；港澳地区在大湾区中起到促进向外发展、加强对内融合的作用。其中，澳门特别行政区积极发展旅游休闲服务业、博彩旅游，同时也担任葡语国家交流平台中心的角色。香港特别行政区作为全球金融中心之一，成为对外开放渠道，担任贸易中心、航运中心等角色[7]。

如图2-5所示，基于不同的城市功能定位与发展方向，粤港澳大湾区内各个城市秉持自身资源优势，持续探索并逐渐形成具备自身特色的发展之路，形成多级别、多类型、多功能的产业园区集群，如深圳市与香港特别行政区计划合作创立河套深港科技创新合作区，佛山

粤港澳大湾区城市定位及园区数量一览

广州市(国家级园区13个,省级园区5个)
- 国际航运枢纽、国际航空枢纽、国际科技创新枢纽
- 高水平对外开放门户枢纽，粤港澳大湾区城市群核心门户城市

深圳市(国家级园区7个)
- 国际科技、产业创新中心
- 协同构建创新生态链
- 全球高端金融产业综合体和金融综合生态圈

惠州市(国家级园区2个，省级园区7个)
- 绿色化现代山水城市，生态担当
- 全面对标深圳东进战略，对接广州东扩发展态势
- 加快创新平台建设

东莞市(国家级园区2个，省级园区4个)
- 国际制造中心

佛山市(国家级园区1个，省级园区6个)
- 制造业创新中心

中山市(国家级园区1个，省级园区1个)
- 珠江西岸区域科技创新研发中心
- 珠江东、西两岸区域性交通枢纽
- 珠江口东西岸融合互动发展改革创新实验区

江门市(国家级园区1个，省级园区6个)
- 全球华侨华人双创之城
- 沟通珠西与珠江三角洲一“传”一“接”的“中卫”角色

肇庆市(国家级园区1个，省级园区5个)
- 珠江三角洲连接大西南枢纽门户城市
- 湾区通往大西南以及东盟的西部通道

珠海市(国家级园区1个)
- 全国唯一与港澳陆地相连的湾区城市
- 建设粤港澳大湾区的桥头堡与创新高地
- 开辟“港澳市场及创新资源+珠海空间与平台”的合作路径
- 国际创新资源进入内地的中转站

香港特别行政区
- 国际金融、航运、贸易三大中心
- 全球离岸人民币业务枢纽，强化国际资产管理中心功能
- 推动专业服务和创新及科技事业发展
- 建设亚太区国际法律及解决争议服务中心

澳门特别行政区
- 世界旅游休闲中心
- 中国与葡语国家商贸合作服务平台
- 建设以中华文化为主流、多元文化共存的合作交流基地

图 2-5 粤港澳大湾区城市定位

市正倾力打造十大创新引领型特色制造业园区，中山市不断探索“共享制造、集中治污、绿色低碳”于一体的环保共性产业园等，都成为粤港澳大湾区高质量发展过程的特色。

一、河套深港科技创新合作区

河套深港科技创新合作区位于深圳市福田区南部与香港特别行政区接壤处，属于大湾区唯一定位以科技创新为主题的特色平台。河套深港科技创新合作区由“一区两园”组成，深圳河南侧的香港园区面积约0.87km^2；深圳河北侧的深圳园区（包括皇岗口岸片区和福田保税区）面积3.02km^2。河套深港科技创新合作区聚焦医疗科技、大数据及人工智能、机器人、新材料、微电子、金融科技六大领域进行深入研创与成果转化，旨在成为深港科技创新开放合作先导区、国际先进创新规则试验区、粤港澳大湾区中试转化集聚区。

其中深圳园区通过“租、购、改、建”四策并用腾挪产业空间，10个专业化科创园区、6×10^5m^{2}科研空间已陆续投入使用，计划建成深港协同创新中心、深港国际科技园、国际量子研究院、国际生物医药产业园一期和二期、河套国创中心等创新载体，率先承载香港及海外高端科研资源。截至目前，实质推进和落地深圳园区的高端科研项目有140余个，“量子谷”“湾区芯谷”、能源科技、大数据及人工智能、生物医药、香港高校项目实现集群发展。构建“基础研究+技术攻关+成果产业化+科技金融+人才支撑”全过程创新生态链。

为支持河套深圳园区发展，深港两地群策群力，联合推出“政策包”，吸引全球高端人才。同时创新推出选题征集制、团队揭榜制、定期评估制、项目经理制等管理机制，鞭策科研项目的打磨与落地；围绕香港特别行政区与内地科研合作的难点痛点，形成涵盖“五流四制”（人流、物流、资金流、信息流、商流和法制、税制、科研体制、园区管理体制）的系统化、集成化政策框架体系。

二、佛山市十大创新引领型特色制造业园区

佛山市正高水平倾力打造“十大创新引领型特色制造业园区”，具体包括佛山南庄高端精密智造产业园、佛山新能源汽车产业园、佛山人才创新灯塔产业园、佛山三山显示制造装备产业园、佛山九龙高端装备及新材料制造产业园、佛山伦教珠宝时尚产业园、佛山北滘机器人谷智造产业园、佛山临空经济区智造产业园、佛山水都饮料食品产业园、佛山云东海生物医药港产业园。

其中佛山南庄高端精密智造产业园属于佛山重点打造的“十大园区”之首，是佛山市制造业转型升级与高质量发展的先锋。该产业园重点发展精密和超精密加工设备制造、精密电子电器制造、智能传感器件制造等产业，旨在构建超百亿级的新兴产业链条，打造大湾区精密制造行业发展标杆。截至2023年，精密智造园已初步形成“一核三星一带一园两片区”的总体格局。其中重点打造的启动区“一核三星”，“一核”的贺丰杏头千亩产业园地块基本完成收储平整；“三星”中的贺丰园一期$2.5\times10^4m^2$的6层标准厂房已交付使用，引入新氢动力、源稀新材料等优质企业；贺丰园二期一标段、杏头园一期一标段主体工程顺利封顶，新增产业载体超$1\times10^5m^2$，沃尔曼智能卫浴生产基地正在吉利园如火如荼地建设。

精密智造园的快速发展，与佛山市坚持村镇低效工业园改造有千丝万缕的联系。正是由于当地前期通过“工改工”“工改商”“工改居”系列组合拳进行空间资源蓄能，当前大湾区高质量发展的浪潮中方能将空间载体优势转化为发展动能。除了做好自身产业培育提升外，精密制造园还配套了入驻园区的普惠性政策和金融专项扶持，为企业带来“干货”“红利”。

三、中山市小榄镇五金表面处理聚集区

小榄镇属于中山市内工业历史较为悠久的品牌强镇，产业基础雄

厚，形成了五金制品、装备制造、办公家具等9大支柱产业，一直为中山乃至周边地市提供完善的产业配套加工服务。小榄镇北区高端环保共性产业园前身为中山市小榄镇五金表面处理聚集区，早于2010年进行规划建设，旨在规范全镇从事金属表面处理配套加工服务的企业进行集约生产及集中管理。当前，为进一步提升小榄镇五金产业的发展水平，充分体现绿色生产和节能制造的发展理念，释放土地空间，完善产业链条，小榄镇通过“村企合作”的形式，打造高端环保共性产业园，共享产污工段，配套集中治污，从源头上破解传统散乱污企业“生产低效率、成本高支出、环境高污染”的困局，为发展高端产业腾挪出空间资源，强化污染管控，实现产业聚集式绿色发展。如图2-6所示，左侧为小榄镇北区高端环保共性产业园建设前情况，厂房以低矮、落后、破旧的单层锌铁棚为主；右侧为园区建设后的高标准厂房。

图2-6　小榄镇北区高端环保共性产业园建设前（左）后（右）对比

小榄镇北区高端环保共性产业园按照共性治污理念，拟建成核心区、缓冲区和拓展区。其中，核心区占地面积约146亩

（1亩=666.7m²），建筑面积约36.6×10⁴m²，主要建设专业表面处理、集中式喷涂共性工厂，配套工业废水处理厂、工业固体废物统一处理点，实施集中供热；缓冲区主要利用泰业路、中江高速、周边河涌及绿化作为缓冲，减少了对外围环境和居民的影响；拓展区占地面积约161亩，初步设计建筑面积约41×10⁴m²，拟发展需要配套表面处理加工服务的优质企业，搭建公共服务平台和产业孵化培育区。

参考文献

[1] 蔡赤萌．粤港澳大湾区城市群建设的战略意义和现实挑战[J]．广东社会科学，2017（4）：5-14.

[2] 丁旭光．借鉴旧金山湾区创新经验，构建粤港澳大湾区创新共同体[J]．探求，2017（6）：5.

[3] 周权雄．粤港澳大湾区制造业高质量发展的对策思考[J]．探求，2022（2）：10.

[4] 陈婷婷，刘青辰，林思敏，等．产业集群、城市群与经济增长的关联研究——以粤港澳大湾区为例[J]．科技和产业，2022，22（10）：150-155.

[5] 李文秀，黄宗启．粤港澳大湾区产业集群高端化发展的现实特征及未来路径[J]．广东经济，2021（8）：8.

[6] 李人可．粤港澳大湾区城市群产业互补性分析及协同路径创新[J]．新经济，2019（1）：7.

[7] 李海峰．深圳市现代腾飞物业管理有限公司总体战略研究[D]．兰州：兰州大学，2019.

第三章

中山市产业园区现状

- 第一节　中山市产业园区发展现状
- 第二节　中山市产业园区建设现状
- 第三节　中山市产业园区运营现状
- 第四节　中山市产业发展现存问题

自改革开放起，中山市从一个边陲小城逐渐蜕变为欣欣向荣的现代化城市，当前中山市行政管辖面积1783.67km²，下辖23个镇街，拥有小榄五金、古镇灯饰、南头黄圃电器、沙溪服装、大涌红木家具等系列家喻户晓的特色产业集群。纵观中山城市化进程，从村村点火到工业集聚，由专业镇各自为政式发展到全市统筹十大主题产业园，产业园区一直作为经济发展与转型升级的“顶梁柱”与“推进器”，而统筹、集中、聚合、共享的发展形态亦逐步实现更替。

“十三五”期间，面临土地、人力资源等红利的消退，囿于产业链薄弱、主导产业不鲜明等现状，中山市产业发展也面临明显失速的困局。片面追求快速发展而漠视规划、协调的过往也导致全市制造业遭受土地资源紧缺、产业发展受制、环境污染突出、管理服务滞后、公用配套设施不完善等诸多制约。

产业园区，作为城市产业发展缩影与典型代表，是优质的“解剖麻雀”对象。以下将从产业园区发展现状、建设现状、运营现状三大方面进行论述，如图3-1所示，探讨中山产业发展所存在的系列瓶颈与困境。

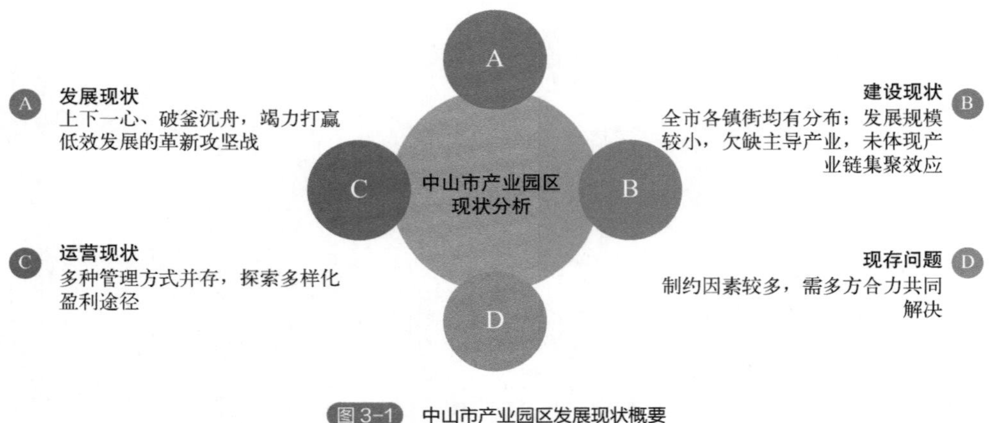

图3-1 中山市产业园区发展现状概要

第一节　中山市产业园区发展现状

作为曾经的广东省“四小龙”，中山市早期制造业发展相当迅猛，一大批以“三来一补”为主的代工企业蜂拥而至，尤其各乡镇、村居发展过程更是利用自身土地资源快速招商引资、盲目扩充，小微型“家庭作坊式”工厂比比皆是。然而，过往欠缺质量与生命力的发展模式也导致如今全市工业企业虽然基数大，但规模普遍偏小，以产业链中某些加工环节为主，附加值低，经济作用不明显，且具备明显同质化现象。

一、中山市产业园区的产业构成

中山市早在20世纪末就通过“一镇一品”的方式进行专业镇建设，小榄五金、古镇灯饰、南头黄圃电器、沙溪服装、大涌红木家具等特色鲜明的镇街产业集群，成为镇街经济的中坚力量。但现阶段中山市产业园区总体构成仍不够合理，大部分产业园区以高投入、高污染、低附加值的代加工企业为主，园区内企业规模小、科技含量低、自动化水平低，技术密集型产业发展欠缺，导致园区整体生产技术水平和产品竞争力不强，产业和技术关联度不高，科技型创新孵化项目短缺，自主创新能力不足。其中，从事代加工制造的企业属于产业链的中下游，无法形成由原材料一直到终端产品制造销售的完整链条，缺乏研发、设计等环节，导致整体产业价值低，既不利于企业成本的降低，也不利于打造“区位品牌”。

据调查，部分产业园区规划、建设初期没有设置产业准入条件，缺乏统一布局、规划的发展意识，产业园区内企业数量虽多，但大部分属于小微企业，行业类别较混杂，未形成园区产业特色与产业集聚，规模以上企业占比小。而对于部分规划相对完善的产业园区，在建设运营中未按要求在规划实施后组织跟踪评价，未对园区发展现状进行持续有效的调查、分析、评估，未及时提出、采取相应的改进措施，导致园区产业发展与规划逐渐偏离，园区内产业同质化现象严重，无法培养“链主”企业，未形成产业链互补、互促的发展环境。

基于上述顶层规划欠缺的痛点，中山市产业园区大部分产业构成不尽理想，亟须对园区产业发展过程进行反观、审视及调整，充分考虑资源禀赋、区位优势、产业基础、区域分工协作等因素，对园区产业构成进行重新定位，以此为依据进行产业发展路径的筛选、延伸。

二、中山市产业园区的战略定位

“敢为天下先”的中山人素来创造诸多“第一”，如在广东全省范围内中山板芙首推家庭联产承包责任制、全国范围内中山小榄诞生首个万元户、火炬开发区成立全国首个国家级健康科技产业基地等，各类勇于探索、敢于尝试的闻名事迹不绝于耳。现如今，中山市正全力落实一体化融合发展战略，加快推进深中融合，围绕营商环境、产业、交通、创新、社会治理和公共服务、规划等层面，全方位学习对接深圳，同时加快“东承、西接、南联、北融”步伐，充分发挥粤港澳大湾区腹地的区位优势，谋划打造深中、广中、佛中、珠中江等交界片区融合发展平台。

但中山市部分产业园区当前仍然存在战略定位混乱、产业附加值较低、劳动密集且没有突出发展的特色行业等问题，发展质量普遍不高，投资强度与产出强度均逊色于周边城市先进园区。立足广深佛制造业外溢、扩散带动的时代，中山市正在培育细分领域的行业龙头，利用现有专业镇基础，进一步加强项目谋划，储备一批符合高质量发展要求的大项目、好项目，并抓紧研究出台扶持政策，积极谋划布局一批前瞻性、战略性新能源示范项目，打造产业链完备、技术领先的新能源产业集群。同时，中山市正在加快培育发展生产性服务业，推动信息技术服务、科技服务、现代物流、现代金融等服务业专业化、高端化发展，力求对制造业提供有效支撑。

“十四五”期间，中山市在全市统筹布局了十大跨镇街的主题产业园，如图3-2所示，按照土地可利用可连片的原则，结合中山市现有产业布局、区域禀赋优势及各镇街工改片区范围，多措并举推动产业转型升级，上下一心、破釜沉舟，竭力打赢低效发展的革新攻坚战，告别落后形态。

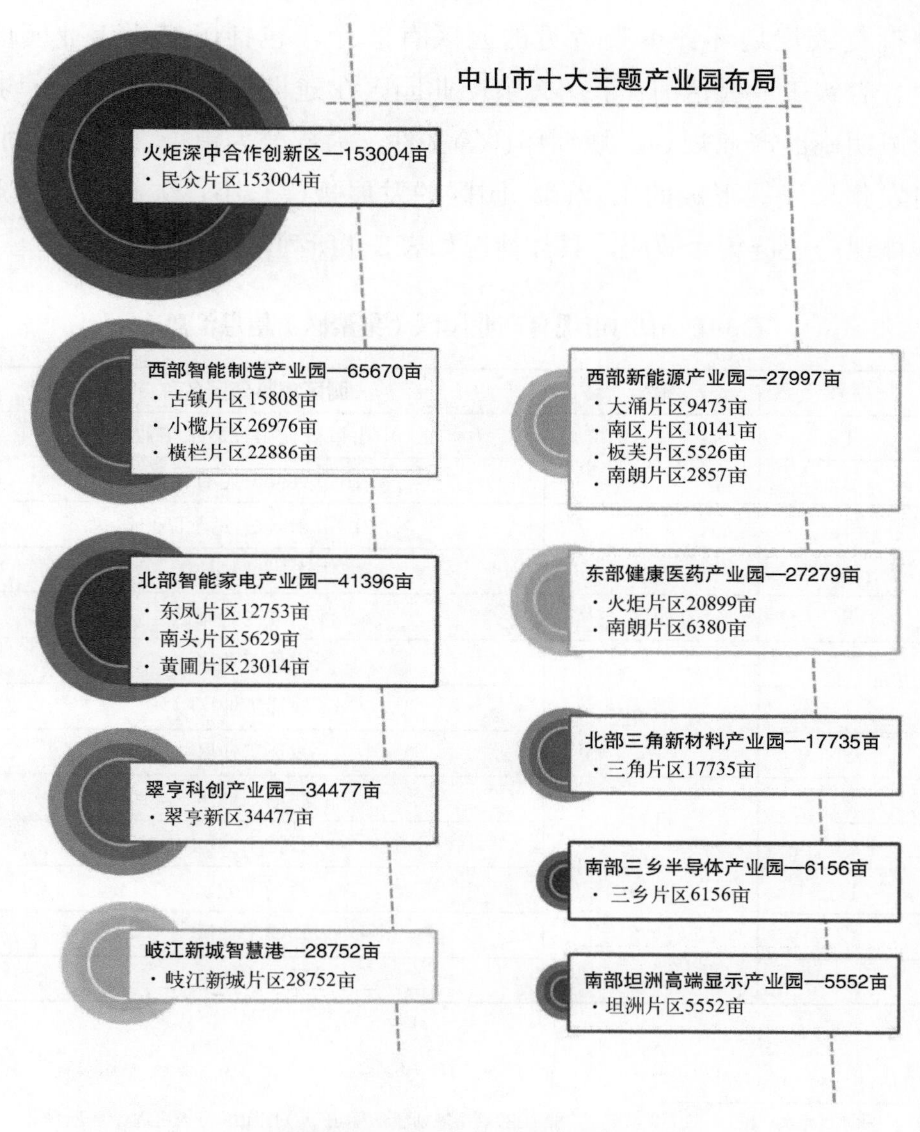

图3-2　中山市十大主题产业园布局情况

第二节　中山市产业园区建设现状

一、中山市产业园区的种类数量

据调查，中山市现已形成产业园区[1]的总数约97个，其中取得环评批复或规划环评审查意见的园区有37个，包括国家级工业园区1个、省级工业园区有4个，其余产业园区在建设和发展的过程中均未形成明确的产业规划、规划环评等文件，大部分为镇街、社区、村居自发集聚发展形成的工业园，园区的发展规模较小，欠缺主导产业，未体现产业链集聚效应，具体情况如表3-1所列。

表3-1　中山市现有产业园区（集聚区）信息汇总表

序号	镇街	园区或集聚区名称
1	五桂山	中山市五桂山长命水工业区
2		中山市五桂山龙石工业区
3	东区	中山市东区白沙湾工业园
4	石岐	中山民营科技园
5	西区	沙朗片区集聚区
6	南区	树涌工业区
7		福涌工业区
8		龙环工业区
9	港口	沙港工业区
10		石特工业区
11	沙溪	隆兴工业区
12		隆盛工业区
13		秀山工业区

[1] 产业园区定义广泛，本书主要以第二产业为主，利用规划环评为切入点对中山产业园区进行调研、统计、分析，同时对规模较大、控规中工业用地连片区域纳入进行对比，统称“工业园区（集聚区）”。

续　表

序号	镇街	园区或集聚区名称
14	大涌	大业工业区
15		旗南工业区
16		葵朗工业区
17		白蕉围工业区
18	火炬	中山火炬高技术产业开发区
19		中山市横门岛临海工业园区域开发项目
20		中国技术市场科技成果产业化（中山）示范基地
21		中山火炬民族工业园五金工业城
22		中山健康科技产业基地
23		中山市张家边逸仙工业区
24		中山市包装印刷生产基地二期（逸仙科技工业园）
25	南朗	广东中山翠亨经济技术开发区
26		中山市东南绿色工业园
27		中山市南萌工业区首期工程
28		大车工业园
29		南朗第一、二、三工业园
30		横门工业区
31	黄圃	中山市黄圃镇横档化工集聚区首期
32		中山市中国食品工业示范基地
33		中山市黄圃镇食品工业园第一食品集中生产点
34		中山市黄圃镇大雁工业区
35		团范工业区
36		马新工业区
37		黄圃港工业区
38		大岑工业区
39		新丰北路工业集聚带
40	三角	中山高平化工区
41		高平村工业集聚区
42		蟠龙村工业集聚区
43		沙栏村工业集聚区

续　表

序号	镇街	园区或集聚区名称
44	民众	中山市民众镇沙仔综合化工集聚区
45		中山市民三工业区（B 区）
46		中山市民三工业区（城镇南工业园）
47		中山市民众镇化工建材基地
48		中山市民众镇新平工业集聚地
49		环保生产产业园
50		三墩工业区
51		接源工业区
52	古镇	中山市古镇镇同益工业园
53		北海工业区
54		螺沙工业区
55		东岸工业区
56		均都沙工业区
57		顺成工业区
58		镇南工业区
59	小榄镇小榄片	中山市小榄镇五金表面处理集聚区
60		中山市小榄镇龙山电镀基地
61		永宁社区工业集聚区
62		绩东一社区工业集聚区
63		绩东二社区工业集聚区
64	小榄镇东升片	中山市东升镇东锐工业区
65		中山市泰丰工业区同茂工业园
66		联胜工业区
67		东锐工业区（B 区）
68	阜沙	中山市阜沙镇精细化工产业集聚区
69		阜港工业区上南工业园
70		大有工业区
71		丰联村工业区
72		卫民村、牛角村、阜东村工业地块
73		阜沙村工业区

续 表

序号	镇街	园区或集聚区名称
74	阜沙	罗松工业区
75	南头	中山市南头镇升辉北产业集聚区
76		升辉南工业区
77		穗西工业区
78	东凤	同乐工业区
79		和穗工业区
80	横栏	横栏镇灯饰供应链产业园
81		茂辉工业区A区
82		茂辉工业区B区
83		永兴工业区
84		新茂工业区
85	坦洲	中山市坦洲镇第三工业区
86		中山市坦洲镇安南工业园
87		坦洲镇第三工业区（四期）
88	板芙	中山市板芙镇顺景工业园
89		智能制造装备产业园
90	神湾	中山市神湾港工业区
91		南沙工业区
92		神溪工业区
93		竹排工业区
94	三乡	中山市三乡镇金属表面处理产业规划区
95		中山市三乡镇平埔工业区
96		三乡西部片区工业集聚区
97		胶鸦岗工业区

二、中山市产业园区的空间分布

中山市现已形成的97个产业园区，坐落于全市23个镇街，以北部、东部为主，如小榄镇、黄圃镇、民众街道、中山港街道（火炬开发区）等，该类镇街工业化底蕴较强，具备特色传统产业，如小榄五金产业（中山小榄镇龙山电镀基地、中山市小榄镇五金表面处理集聚区）、黄圃食品加工产业（中山市黄圃镇食品工业园第一食品集中生产点）、火炬印刷产业（中山市包装印刷生产基地）等。

从工业发展资源方面看，三角镇、民众街道、南头镇、黄圃镇等具备良好区位优势，毗邻广州南沙以及佛山顺德，镇街附近具备洪奇沥水道、黄沙沥水道等大江大河，同时具备取水与排水条件，自然资源条件优越，可有效支撑制造业的集聚发展，因此已形成系列重污染集聚的产业园区，如三角高平化工区（含印染、电镀、化工等产业）、民众街道沙仔综合化工集聚区（含印染、化工等产业）、黄圃镇大雁工业区（含家电配套喷涂产业）等。

三、中山市产业园区的产值规模

在中山市现已形成的97个产业园区中，经调研发现园区合计入驻企业总数约6002家，其中规模以上企业约767家，平均规上企业占比约为12.78%。从各产业园区企业数量、规上企业数量及占比数据中可发现，各产业园区发展质量参差不齐，大部分规模以上企业占比不足30%，从一定程度上反映出当前产业园区经济贡献程度有限、企业水平不高的现状。

四、中山市产业园区的配套情况

产业园区的配套很大程度上决定项目是否顺利生根发芽、茁壮成长，一般配套内容包括雨污管网、供热供暖、污染处置、发电照明等。中山市产业园区配套情况较为落后，甚至出现一部分“零配套区”，雨污清污无法分流、市政排水渠道不畅、分散式锅炉窑炉烟囱林立、低效污染治理设备分散运行等，如表3-2所列，都属于配套落后于建设、运作未经妥善设计的典型表征。

表3-2 中山市现有已批产业园区（集聚区）关心信息汇总表

<table>
<tr><th>组团</th><th>镇街</th><th colspan="2">园区或聚集区名称</th><th>用地规模/hm^2</th><th>园区内企业数量/个</th><th>规模以上企业数量/个</th><th>规模以上企业占比/%</th><th>是否配套集中供热</th><th>是否配套集中治污</th></tr>
<tr><td rowspan="2">中心组团</td><td rowspan="2">五桂山</td><td colspan="2">中山市五桂山长命水工业区</td><td>61.9</td><td>27</td><td>6</td><td>22</td><td>无</td><td>无</td></tr>
<tr><td colspan="2">中山市五桂山龙石工业区</td><td>110</td><td>25</td><td>5</td><td>20</td><td>无</td><td>无</td></tr>
<tr><td rowspan="12">东部组团</td><td rowspan="9">火炬开发区</td><td rowspan="3">中山火炬高技术产业开发区</td><td>集中新建区</td><td rowspan="3">1710</td><td>419</td><td>79</td><td>19</td><td>无</td><td>无</td></tr>
<tr><td>政策区一</td><td>194</td><td>37</td><td>19</td><td>有</td><td>有</td></tr>
<tr><td>政策区二</td><td>13</td><td>5</td><td>38</td><td>有</td><td>无</td></tr>
<tr><td colspan="2">中山市横门岛临海工业园区域开发项目</td><td>2075</td><td>89</td><td>27</td><td>30</td><td>有</td><td>无</td></tr>
<tr><td colspan="2">中国技术市场科技成果产业化（中山）示范基地</td><td>466</td><td rowspan="2">148</td><td rowspan="2">24</td><td rowspan="2">16</td><td>有</td><td>有</td></tr>
<tr><td colspan="2">中山火炬民族工业园五金工业城</td><td>21.34</td><td>有</td><td>有</td></tr>
<tr><td colspan="2">中山健康科技产业基地</td><td>352</td><td>113</td><td>30</td><td>27</td><td>有</td><td>无</td></tr>
<tr><td colspan="2">中山市张家边逸仙工业区</td><td>72.47</td><td>67</td><td>14</td><td>21</td><td>无</td><td>无</td></tr>
<tr><td colspan="2">中山市包装印刷生产基地二期（逸仙科技工业园）</td><td>112.75</td><td>22</td><td>6</td><td>27</td><td>无</td><td>无</td></tr>
<tr><td rowspan="3">南朗</td><td colspan="2">广东中山翠亨经济技术开发区</td><td>452.25</td><td>—</td><td>—</td><td>—</td><td>无</td><td>无</td></tr>
<tr><td colspan="2">中山市东南绿色工业园</td><td>1130</td><td>65</td><td>20</td><td>30</td><td>有</td><td>无</td></tr>
<tr><td colspan="2">中山市南朗工业区首期工程</td><td>232.74</td><td>154</td><td>26</td><td>17</td><td>无</td><td>无</td></tr>
</table>

续 表

组团	镇街	园区或聚集区名称	用地规模 /hm^2	园区内企业数量 / 个	规模以上企业数量 / 个	规模以上企业占比 /%	是否配套集中供热	是否配套集中治污
东北组团	黄圃	中山市黄圃镇横档化工集聚区首期	40.59	22	6	27	无	无
		中山市中国食品工业示范基地	124.54	25	7	28	有	有
		中山市黄圃镇食品工业园第一食品集中生产点	5	39	1	3	有	有
		中山市黄圃镇大雁工业区	293.13	286	40	14	无	无
	三角	中山高平化工区	666.67	98	34	35	无	有
	民众	中山市民众镇沙仔综合化工集聚区	664.1	239	31	13	有	有
		中山市民三工业区（B 区）	100					
		中山市民众镇新平工业集聚地	100					
		中山市民三工业区（城镇南工业园）	539.1	22	9	40	无	无
		中山市民众镇化工建材基地	436.02	5	0	0	无	无
西北组团	古镇	中山市古镇镇同益工业园	484.96	1002	25	2.5	无	无
	小榄镇小榄片	中山市小榄镇五金表面处理集聚区	16.72	招商中	招商中	招商中	无	有
		中山市小榄镇龙山电镀基地	50.86	17	9	53	无	有
	小榄镇东升片	中山市东升镇东锐工业区	100	147	21	14	无	无
		中山市泰丰工业区同茂工业园	251.61	213	21	10	无	无
	阜沙镇	中山市阜沙镇精细化工产业集聚区	35.7	7	4	57	无	无
		阜港工业区上南工业园	366.67	195	35	18	无	无

续　表

组团	镇街	园区或聚集区名称	用地规模 /hm^2	园区内企业数量 / 个	规模以上企业数量 / 个	规模以上企业占比 /%	是否配套集中供热	是否配套集中治污
西北组团	南头	中山市南头镇升辉北产业集聚区	966.12	557	89	16	无	无
	横栏镇	横栏镇灯饰供应链产业园	19.26	招商中	招商中	招商中	有	有
南部组团	坦洲	中山市坦洲镇第三工业区	357.1	1225	90	7	无	无
		中山市坦洲镇安南工业园	200	177	5	3	无	无
	板芙	中山市板芙镇顺景工业园	277.9	218	43	20	无	无
	神湾	中山市神湾港工业区	775.09	18	9	50	无	无
	三乡	中山市三乡镇金属表面处理产业规划区	109.27	招商中	招商中	招商中	无	有
		中山市三乡镇平埔工业区	490.45	68	9	13	无	无

注：1. 数据统计时间截至 2020 年 6 月。

2. 部分产业园区正升级改造为环保共性产业园，基本处于分期建设及招商过程。

此外，产业服务方面，大部分园区未配套质量监测、知识产权保护、物流配送、教育培训等服务机构或中介组织，第三方金融服务机构合作机制尚未健全，园区业态单一，加工生产过程欠缺产业链上下游的延伸与打造，整体附加值偏低，园区生命力不强。

五、中山市产业园区的建构水平

“十三五”期间，中山市土地资源短缺问题日益凸显，深中通道建设的利好消息对中山普遍土地价值进行刺激后更是出现一段时间的“有价无市、一地难求”。据了解，在中山市已批工业用地中，容积率在1.5以下的占比约63.8%，而容积率在3.5以上的仅占0.6%，低矮、落后、破旧的锌铁棚占据了土地资源却无法创造更多、更高的社会价值，如小榄镇、横栏镇，锌铁棚占地面积分别将近9000亩以及4000亩，可见中山现阶段存在大量低效用地。

从产业园区而言，中山市大部分产业园区都是在21世纪初期获批，当时的核心目标就是发展经济，仍旧充斥着“不管黑猫白猫，抓到老鼠就是好猫”的片面化思维，在当时仍丰腴的土地上大张旗鼓、广泛招商，低廉的用地成本当然引来大量客商，为社会经济带来迅速增长，但同时亦滋生了“圈地行为”。产业园区建设的过程中，大部分构筑物都是由村居或投资方自行建设，欠缺专业园区管理机构，未能高瞻远瞩地进行建筑设计与发展谋划，一味追求造价成本的降低，大量单层锌铁棚厂房就此落成。

长期以来，堆满杂物、空间狭小的单层锌铁棚是中山制造业企业的“主阵地”，在经历长时间的市场竞争后，有一部分企业家选择退居幕后，利用自身原始积累的政策资源（如排污指标、土地指标）进行出租，旱涝保收的经营方式让其毫不在意实体产业是否存活、是否具备竞争力，对厂房生产环境更加不做考虑。由于土地资源的匮乏，原有“小作坊”厂房无法消纳向外迁移或扩张的成本，唯有继续跻身生产环境较差但成本较低的低效工业构筑物中。

资料链接

南方观察《制造业城市的舍与得：来自中山“工改”的一线报告》：

2022年，中山腾挪园规划建设总面积超2300亩，建成超110个腾挪安置载体，安置优质企业超400家，发放腾挪安置补贴超1300万元。由于“动得早”，也“招得好”，小榄永宁社区某工改项目在改造前遍布锌铁棚厂房的地块的容积率仅约0.7，租金约17元/（m^2·月）；改造后，容积率约3.0的7层高标准厂房的平均租金反而低至约15.5元/（m^2·月）。另一方面，由于建筑面积翻了4倍，村集体的租金收入也预计增加至3600多万元。

第三节　中山市产业园区运营现状

产业园区的生态系统涉及许多机构与利益相关者，包括园区领导层、运营方、入驻企业、第三方服务机构、企业员工等，产业园区运营即对相关机构与人员提供其所需的服务与平台。产业园区的良好运营是其长期有效运作的关键内驱力，是园区与企业、政府乃至社会稳定关系的根本保障。其中管理方式、盈利途径以及风险抵御能力是运营质量的重要影响因素。

一、中山市产业园区的管理方式

中山市产业园区管理方式主要包括政企合作型、村企合作型、企业主导型以及零管理模式。

（一）政企合作型

作为中山市当前唯一国家级产业园区——中山火炬高技术产业开发区，是全国首批国家级高新区，早于1990年由国家科技部、广东省政府、中山市政府联合创办。该产业园区设立中山火炬高技术产业开发区管委会，负责落实市委、市政府各项部署，研究制定区域经济、产业发展总体规划，实施科技、教育、文化、卫生、体育等各项工作，负责区内的重大决策，但不直接参与园区企业的运营和管理。

为保障区内企业的妥善管理，中山火炬高技术产业开发区采取“园中园”方式进行决策渗透，保障政府主导地位，开发区内再设九大产业基地，大部分由国有企业设立的开发公司、物业管理公司等进行投资、建设、管理，如表3-3所列。“园中园”的构建，一方面，通过市场化运作的产业园区，具有一定的抗风险能力，能够有效提升企业运行效率；另一方面，在国有企业的加持下，可减少政府在建设方面投资与负债，同步缓解管理方面的压力。

表3-3　中山火炬高技术产业开发区“园中园”设计一览表

序号	基地名称	简况
1	国家先进装备制造（中山）高新技术产业化基地	国家先进装备制造（中山）高新技术产业化基地、国家火炬计划中山（临海）装备制造业基地是珠江三角洲重量级工业园，拥有快速陆运、江海联运和出海港口，重点发展船舶制造与海洋工程、节能设备与新能源、成套装备制造等产业；目前已成为中船、中机等十余家大型央企的聚集区
2	国家火炬计划中山（临海）装备制造业基地	
3	国家健康科技产业基地	全国首个集创新药物、医疗器械和健康产品的研究和开发、临床试验、生产和销售为一体的国家级综合性健康产业基地，已被纳入《珠江三角洲地区改革发展规划纲要》，被科技部确定为国家创新型产业集群试点。总规划面积13.5km^2，已聚集了诺华山德士、美国NBTY、辉凌、九州通、美捷时等100多家企业，并开拓了广东健康医疗信息技术服务区、吴阶平医学科技园、中山医药装备产业园、中国化妆品之都、健康食品产业园等园区
4	中国包装印刷生产基地	现有各类包装印刷企业50多家，涉及出版印刷、包装装潢、塑料包装、商标印刷、防伪包装、印刷制版、包装材料等各种印刷包装领域

续　表

序号	基地名称	简况
5	国家高新技术产品出口基地（高新技术产业园）	园区现已有来自超过20个国家与地区的100多家企业入驻园区，已形成电子信息、汽配、精细化工、光电子一体化、新能源新材料五大主导产业链
6	中国电子（中山）基地	2001年与中国电子集团（CEC）共建，以电子信息和光电产业为主导；聚集了纬创资通、佳能、卡西欧、国碁、特灵空调、伊顿电气、波若威光纤、北方光电、凤凰光学等30多家大型企业
7	中国技术市场科技成果产业化（中山）示范基地	基地主要以汽配、电子信息、现代物流、电子新材料等产业为主。目前，已有盛邦电子、武藏汽配、中国外运、珠江啤酒等60余家企业投入运营生产，并成立了广州产权技术交易所有限公司中山分公司等专业服务机构
8	中山国家现代服务业数字医疗产业化基地	2013年9月22日“中山国家现代服务业数字医疗产业化基地”正式获得国家科技部认定。该基地致力于发展全球数字医疗服务业高端价值链。通过医疗数字化、信息化的建设带动健康产业和信息产业的融合发展，促进民生经济与产业经济的协同发展，达到增强区域经济核心竞争力，推动智慧中山与健康城市的建设目标。通过基地建设规划的实施，有望形成国内具有示范效应、影响力强的数字医疗现代服务业产业集群，促进中山区域建设千亿产业集群，推动广东省乃至全国数字医疗服务产业的发展
9	中国汽车零部件制造基地	中山火炬开发区汽配工业园占地2000余亩，是广东省规划最好、汽配企业最集中的汽配工业园之一，目前园区内并无闲置土地。现阶段已有包括日本株式会社F-TECH、日本三井化学株式会社、伊藤忠商事株式会社、东洋热交换器株式会社、MC非铁株式会社、有信株式会社、日本PLAST株式会社在内的国际知名汽配企业在此投资置业。企业主要产品包括底盘冲压件、前后副车架、刹车油及踏板、汽车合成油箱、汽车门锁、热交换器、汽车刹车总成、汽车驱动桥总成、车用电池、安全气囊、电子控制制动防抱死系统等汽车关键零部件。全区内1/3的企业直接为

续 表

序号	基地名称	简况
9	中国汽车零部件制造基地	广州本田、广州丰田、日产、马自达、铃木、美国通用、克莱斯勒等多家世界汽车巨头整车厂提供配套。园区内企业主要为整车制造企业的一级、二级供应商；处于整个产业链的中部，向上则直接为整车制造企业配套，向下则有各个配套供应商本着就近配套的原则落户周边，通过火炬集团的引导性招商和管理，形成互相配套的产业链式园区结构

（二）村企合作型管理模式

中山市大部分产业园区属于村镇级园区，在早期城乡发展建设过程中，各个村落凭借自身土地资源进行快速工业化进程的产物。相较于早期价值低廉的土地出售，部分农村集体经济组织偏向于设立村属企业进行产业园区的设计、开发、建设以及运营，其中最典型的是中山市小榄镇北区股份合作经济联合社以及其所设立的中山市佰福工业发展有限公司。

中山市小榄镇五金表面处理集聚区从2010年开始建设，用地面积约307亩，集聚区主要以含酸洗、磷化、涂装等金属表面处理工艺的企业为主，该集聚区土地全部属于中山市小榄镇北区股份合作经济联合社所持有，建设、管理全过程由中山市佰福工业发展有限公司负责。该园区的诞生，源自于小榄镇对其产业配套的表面处理企业进行“统一规划、统一管理、集中治污、总量控制、循环生产”的思路，通过村居社区与其从属企业的运作，成功打造中山市第一个集聚发展的非电镀类专业五金表面处理集聚区。

村企合作型管理模式，从一定程度上相似于政企合作型，由政府或集体代表作为发展及管理意志的中心，但各类具体举措交付给更为自由的市场个体进行，充分保障决策的贯彻落实与快速响应。但与此同时，在重大事项决议时村居需要广泛征求村民意见，兼顾各方利益诉求，多次组织村民代表大会，形成最大限度的统一指令，再交付管理企业实施，期间耗时具有明显不确定性，容易错失市场机遇。

（三）企业主导型管理模式

横栏镇灯饰供应链产业园是中山产业园区当中企业主导型管理的典型代表。该园区是中山市“工改”与“治水”两大攻坚战结合的重要尝试，从污染集中防治的角度切入，为所在镇街提供产业配套服务。整个产业园由中山市元子实业有限公司负责投资、开发、建设、管理，政府在其中虽充分发挥指引、向导的作用，但园区的招商、运营与属地政府并无关联。

企业主导型管理模式充分体现私人投资者的发展意愿及运营理念，完全遵照市场规律进行竞争，容易缺乏宏观视野，逐利作为首要目标。该类型模式下的产业园区往往需要进行一定资源限制，否则在利益最大化的心态驱使下容易走偏，无法践行科学、适配的可持续发展道路。

（四）零管理模式

在中山市现已形成的97个产业园区中，基本未设立园区管理机构，“零管理”现象突出。零管理模式的出现，源自于“村村点火、户户冒烟”的粗放型发展阶段，产值与利润作为园区持有者与经营者的唯一目标，最低成本的投入与建设、毫无关联的产业引进、各自为政的生产关系等，都是零管理模式所呈现的典型特征，也终将造就园区产业链短缺、产业附加值有限、产业构筑物低效、产业发展所带来的负面影响（如环境污染、安全隐患等）难以控制的困境。

二、中山市产业园区的盈利途径

（一）借助城市发展进行盈利

中山火炬高技术产业开发区根据自身条件和特点，通过差别化的战略，围绕健康医药、智能装备、光电信息、数字创意等，形成特色产业园，并围绕入驻企业的潜在需求进行环境和配套设施建设。通过产业集聚、产业结构调整、城镇化建设等多领域，综合考量地区生产总值、社会消费品零售额、规模以上工业总产值和增加值、税务收入等数据，实现该区域全方位、可持续发展盈利[1]。

一般而言，开发区由某一个地方政府规划一个区域，成立开发区管理委员会和开发区投资有限公司，投入资金进行开发区的整体建设。因此，开发区的盈利模式更多的是站在政府角度考虑，通过税收、解决就业、产业结构调整以及城市化进程等一系列指标纳入到盈利模式的考核体系中，如图3-3所示。

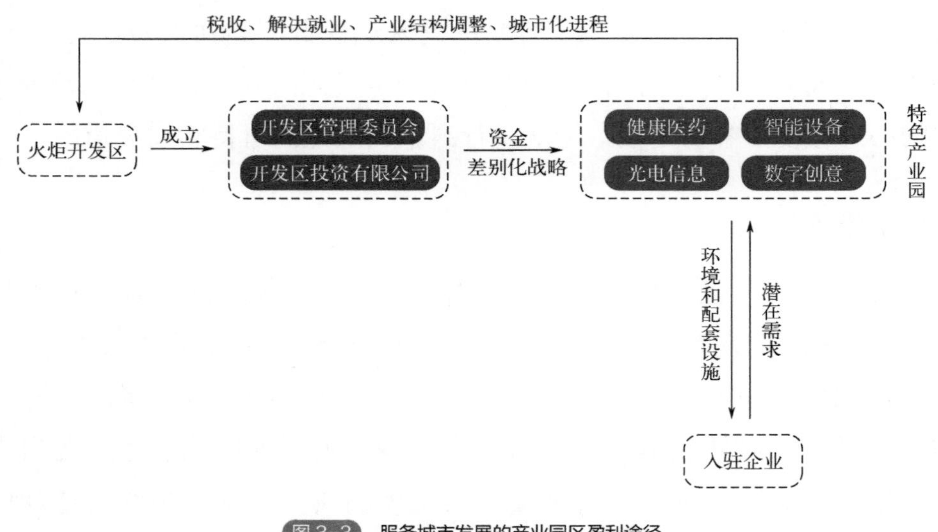

图3-3 服务城市发展的产业园区盈利途径

（二）利用土地价值进行盈利

村镇社区自发集聚形成小型园区，其开发运营途径与住宅开发模式较为相近。一是土地出售，通常开发商完成拆迁和土地整理即可出售给企业，由企业自行规划建设，实现资金快速回笼；二是物业出租，通过持有物业并进行分割出租，获取租金收益，持有物业出租虽然资金回笼周期较长，但能保证开发商获得物业增值收益。

（三）盈利途径探索与创新

当前，我市部分产业园区已开始探索与运用服务新模式，从而创造更多盈利途径（产业园区一般价值环节如表3-4所列）[2]。

表3-4　产业园区一般价值环节

价值环节	各价值环节可采用的盈利手段	盈利途径
生地	生地转让、生地开发等	物业产权分割、出让、开发、销售
熟地	工业用地转让、商贸用地转让、住宅用地转让、熟地改造等	
地产	住宅出租出售、商贸出租出售、标准厂房出租出售等	
公共基础设施	BOT运营（供水、供电、供暖、治污等）	产品服务供给、配套
园区综合服务	物业服务、物流服务、技术服务、管理服务、宣传服务等	
企业经营	参股园区企业、园区商贸经营等	

① 将园区服务收益逐渐从过去的过度依赖物业产权性收益，向产品服务化收益转型提升。该类型产业园区将提升服务质量为核心，为入驻企业做好增值、产业的技术发展、生活配套和园区运营等服务，创造新的盈利途径，如表3-5所列，从以往单纯负责租售厂房改变为园区的“管家”[3]。

表3-5　产业园区各类盈利途径对比

盈利方式	收益水平	投资额度	投资回收期
生地转让	低	小	短
生地开发	较高	大	长
工业用地转让	低	小	短
商贸用地转让	高	小	短
住宅用地转让	较高	小	短
住宅出售	高	较大	短

续 表

盈利方式	收益水平	投资额度	投资回收期
商贸出租	较低	大	长
商贸出售	高	大	短
厂房出租	低	大	长
厂房出售	较高	大	短
BOT 运营	低	较小	中长
厂房代理建设	较高	大	中
物业服务	较低	较小	短
物流服务	较高	较大	长
技术服务	较高	较小	中长
管理服务	高	较大	中长
宣传服务	高	小	短
参股园区企业	（不确定性强）	较大	长
园区商贸经营	高	较大	短

② 将园区运营过程产生的价值进行投资，通过金融市场进行增值。该类型产业园区的经营者，一般认真审视园区及入驻企业的普遍发展需求，主动引进具备一定经济体量和变现能力的银行、投行等市场机构，进行产业的资本运作，从而创造出更广阔的盈利方向。此外，除了通过资本创造资本，部分园区已开始酝酿通过资本孵化项目，通过参股园区入驻企业或提供优惠金融扶持服务，共同度过最困难的初创时期，待企业在园区内顺利生根发芽后获得投资回报。

资料链接

产业园智库《产业园盈利模式分析报告》

各类园区的产业类型和发展阶段不同，其盈利模式也不同。

（1）土地运营盈利模式

通过土地增值、租金收入、商业地产和住宅地产开发运营，从而实现可观的盈利。土地运营的盈利点在于利用市场上土地资源的稀缺性和工业集聚发展的政策要求，土地运营的增值更多受到土地价格的波动影响。目前，中山市大部分传统产业园区采用土地运营途径实现盈利。

（2）园区增值服务盈利模式

不再局限于出租厂房获取的租金收入，而将盈利侧重点转向为入园企业提供产业技术性服务、产业发展性服务、生活配套服务、园区运营性服务等几项主要内容。

（3）园区金融投资盈利模式

通过产业投资、专业性公司投资、产业用地的资本运作、现有物业（房产）的资本运作等金融投资，实现园区盈利。产业投资，主要是指园区建立或控股专业性的产业投资机构，例如天使基金、风险投资、私募股权等投资相关产业，分享企业成长并获取收益。专业性公司投资，主要是指园区投资控股为园区提供专业技术性服务和企业发展类的公司，并通过IPO等形式获取收益。产业用地的资本运作，主要是指在不允许直接转让产业用地的前提下，探索作价入股等方式盘活土地资产并获取收益。现有房产的资本运作，主要是指产业性房产的股权、信托、证券化等方式资本运作，进而盘活资产获取收益。

（4）园区模式输出盈利模式

园区模式主要包括生地开发、熟地改造、委托经营等。一般而言，生地开发，主要是指通过BOT、土地入股等方式，沿用成熟园区的模式对新的土地进行一级开发，使该地块土地达到“三通一平”“五通一平”或“七通一平”等，完成土地的前期开发；熟地改造，主要是指对原有工业区的厂房进行改造和功能变更，从而为发展新的产业服务；委托经营，主要是指受地方政府或其他运营主体委托，运营其他地域内的园区，并获得收税分成或服务型收益的盈利模式。

三、中山市产业园区的风险抵御

风险抵御是运营管理的重要环节，风险因子识别及防范措施选取是产业风险管理的第一步，如何有效地判别出潜藏的风险因子，通过适当有效的方法加以控制对园区运营管理者而言至关重要[4]。

（一）产业园区风险因子识别

1. 政策性风险

产业园区开发建设政策性风险是指国家颁布的经济政策、投资管理制度、产业发展标准以及生态环保政策等对产业园区开发运营与生产建设造成的风险。对于以政策为发展导向的产业园区，政策的变化可以直接决定园区的生死存亡。风向好的时候，项目即使“缝缝补补”也能勉强落地；但当政策不利的时候，即使项目方个人能力再强也很难寻求突破。以中山市黄圃镇横档化工集聚区首期为例，园区运作过程并未体现政策的匡扶与指引，园区建构水平落后，后来更被取消化工园区定位，最终沦为普通村镇工业集聚区。

2. 建设周期性风险

建设周期性风险是指产业园区在建设开发时需要一定的时间形成产业聚集效应，而产业园区通常具有相对较长的开发建设周期，对企业而言在开发过程中需要承担较大的经营管理风险。例如，许多产业园区会有3年左右的免租金阶段，园区经济效益会在5年左右时间才能明显显露出来，大约在10年时间能够达到经济效益多样化的局面，这也同时要求产业园区的运营团队具备一定经济实力。而中山市大部分产业园区恰恰因为片面追逐短期效益，产业准入形同虚设或避而不谈，无法形成稳定产业链与产业规模聚集效应。

3. 资金链及融资风险

产业园区对资金的需求量巨大，从土地整备到投资建设、运营管理、产业投资，基本是以资本链条为主轴进行操作。目前，园区项目收入的大部分仍来源于出租而不是出售，项目一般回款周期较长，非常考验运营商的资金链和融资能力。当前，中山市正处于低效工业园改造攻坚战，“工业上楼”的项目投资远高于标准厂房，对投资商的资金要求极高，而且会形成大量财务成本，造成平均利润率降低；其次，高层厂房的运输便捷性远远不及单层厂房，未来可售或租赁的难度更高、回报周期也更长，需要专业化运营才能尽早实现盈利，投资风险较大；同时，新时代产业园区对构筑物消防、环保、承重、运输、水电等有更高要求，建设成本普遍增高20%以上，更容易导致亏损。

产业园区是一个天生融资渠道狭窄的行业，基本以债权融资为主。但是债权融资均需要在固定的时间点还本付息，势必对项目产生较大资金压力，这种错配的行为也让大部分中山市产业园区经营者望而却步，不敢轻举妄动。

（二）产业园区防范措施选取

中山市大部分产业园区一度盲目发展，单纯逐利，零管理现象突出，未能制定并落实行之有效的运营风险防范措施。为有效提升未来产业园区发展水平，无论是政府还是企业均应从主导产业选择、规范制度建设、商业模式构思三个方面做好风险抵御，提升产业园区竞争力与生命力。

1. 科学选择主导产业

在产业园区开发建设过程中，应当对主导产业种类进行科学选择与明确，这是产业园区建设开发工作中的主要环节。但是，由于受到多种因素影响，部分产业园区在进行主导产业选择过程中容易出现选择错误的现象，导致园区产业无法充分发挥出区域资源优势，产生的经济效益有限。因此，在产业园区主导产业选择过程中，应当注重结合当地实际发展情况、经济建设情况、政府相关政策以及园区未来发展规划等关键信息进行综合考量，通过实际考察、资料调研等多种方式选择最为合适的主导产业。尤其对于以政策为发展导向的产业园区，应主动结合国家、所在省市及镇街的宏观发展计划，主动贡献自身区位优势与储备资源，争先发展先进制造业以及战略性新兴产业，勇于奔赴蓝海市场，充分凸显产业园区在经济建设中的优势与特点，夯实产业基础，形成品牌产业链，发挥规模效应。

2. 做好预算管理，落实预算目标

产业园区在开发建设过程中进行财务内控时，应当注重财务预算管理工作。财务管理人员应当具备良好的预算管理能力与专业素养，对预算目标进行合理制定，明确企业资金使用情况。通过对企业现金、项目利润、企业发展规划等进行分析研究，最终制定出科学化、全面化的企业预算方案，以此提升企业财务预算工作的可行性与准确性。相较于一般生产企业，产业园区的资金预算构成更复杂、进出关系更多变、潜藏债务风险更致命，因此产业园区在进行预算管理过程中应尽量邀请管理人员、合作伙伴进行磋商讨论，结合开发周期、建设进度、招商情况等合理调配现金流，保障预算目标可达的同时风险可控可承受。

3. 加大对商业模式风险防范力度

产业园区开发建设过程中还需要注重防范各种形式的商业模式风险。例如，政企合作型及村企合作型的产业园区存在公私合营的模式，政府部门或集体代表与相关企业合作建设过程中不仅能够合理运用民营企业的资金，同时还能够对企业内部的生产管理制度与生产技术等进行合理使用。公私合营模式是一种管理型运营模式，在管理过程中将各项经营风险通过现代思想与专业能力降到最低，能够帮助融资方获得最大化经济利益。但在政府部门与企业一同承担责任风险与经济利益的共享模式下，对公私合营模式使用要求相对较高，在保障基础设施建设质量的同时，还需要考虑到环境保护问题、资金管理问题、人员岗位问题等，对政府的宏观把控能力与细节洞察能力要求颇高，对合作企业从商业素养及发展格局的选拔过程更是十分严苛。

第四节　中山市产业发展现存问题

一、地区产业结构层次低

中山产业结构总体层次偏低，存在战略性新兴产业没能挑起大梁、产业关键核心技术攻关能力不强、特色产业转型升级成效不佳、新旧动能接续不畅等问题。

从整体产业结构上看，中山产业以传统产业为主，新兴产业支撑力度较弱，高技术制造业增加值占规模以上工业增加值比重低于全省平均水平，研发创新能力不强，关键材料和部件受制于人。大多数产业仍处于中低端产业层次主导的发展阶段，拥有自主知识产权、知名品牌、核心技术、带动和示范效应的龙头企业太少，缺乏大企业大项目，企业在规模、盈利、创税能力等方面与广州、深圳、东莞、佛山等周边城市相比存在较大差距。以中小微企业为主的市场主体，存在规模小、实力弱、抗风险能力不强等特点，管理方式落后，运营效益不高。

近年来，中山市已积极推动传统优势产业转型升级，但成效还不显著，叠加贸易摩擦与经济下行的压力，传统产业发展势头明显减弱，不愿转、不敢转、不会转的现象仍较突出；服务业总体发展水平较低、质量不高，服务业中房地产业占据支柱地位，处于产业链和价值链高端的研发设计、科技服务、金融服务、会展服务等生产性服务业发展相对滞后，对产业升级的支撑能力不强。

二、属地主导产业不突出

小榄五金、古镇灯饰、沙溪服装、大涌红木家具，一个又一个曾经家喻户晓、远近闻名的村镇名片，无不彰显中山市曾经“专业镇”发展的航向与丰硕成果。但在市场经济快速变更的今天，原有通过土地红利、人口成本优势所换取的代加工型产业链已逐渐失去利润空间，多变的贸易形势亦导致中山大量出口型生产企业面临困境，自身主导产业由于缺乏有效转型与高质量培育，逐步从“优势”变为“短板”，由“招牌”变为“难题”。

以沙溪镇与大涌镇为例，两镇毗邻，早期发展过程各自针对服装纺织、染整、洗水以及木质家具制造两大版图争相发展，你追我赶，大量土地低价流失，虽说带来一时百业兴旺的光景，但后继乏力。短缺的产业链、激烈的同质化市场竞争、区域环境所带来的升级要求与压力，无不成为两镇产业发展的“拦路虎”。家具产业方面，原本红木飘香的十里长廊如今已成为门可罗雀的家具“菜市场”，幸存企业并非深耕产品创新而是不断打价格战，竞争存量市场乃至减量市场中的“剩饭残羹”。服装产业方面，高水耗、高能耗、低产出的洗水加工商已然成为政府发展过程中的“落后部队”，大量的低效用地、闲置的排污指标、落后的管理水平，浪费了大量发展资源，但同时目前暂无可快速替代的产业载体，一时之间进退两难。

为解决主导产业不突出的现状，中山市已在全市统筹布局了十大跨镇街的主题产业园。十大主题产业园是按照土地可利用可连片的原则，结合中山市现有产业布局、区域禀赋优势及各镇街工改片区范围进行规划设计与综合部署，分别为智能家电产业园、智能制造产业园、研发与高端制造产业园、清洁能源与智能装备产业园、半导体产业园、新材料（原料药及化工）产业园、光电与智能终端产业园、健康医药产业园、科创与总部经济产业园和中山市经济技术开发区（高端显示产业园）。除半导体产业园、中山市经济技术开发区（高端显示产业园）外，其余主题产业园占地面积均超万亩。但整体规划建设周期较长，且需要大量细致落地方案进行支撑。

三、龙头企业带动力不足

中山市的经济曾经飞速发展，经济总量长期位居广东省第五位，并且与东莞市、顺德市、南海市一起被称为“广东四小虎”，一度形成了镇镇有产业、镇镇有特色的产业集群。但在全球市场多变形势刺激下，中山产业转型升级之路并非坦途，其中龙头企业的数量匮乏及带动力不足，是产业经济发展失速的重要原因之一[5]。

相较于东莞华为、珠海格力、佛山美的等家喻户晓的明星企业加持，中山市虽培育出明阳能源、好来化工、华帝股份、百得厨卫、欧普照明等本土品牌，但其发展资源有限，未形成配套产业链，无法有效带动周边区域发展，难以比肩“华为入驻松山湖”所带来的显著成效。该类型龙头企业带动力的缺失，很大程度源自于资源的匮乏，尤其是土地资源，碍于早期粗放式发展方式，在这些龙头企业附近无法提供大面积连片产业空间，自身发展都已经受阻，更难以围绕其实施“延链”“补链”“强链”等工作。

四、地方立法及政策支撑不足

（一）地方立法调控手段不足

中山市产业园区虽然数量不少，但遍地开花，南北发展不均衡，各园区布局缺乏整体的规划，基本属于镇街或村居主导规划，未与中山市“一主双核两副”的整体空间布局理念有效衔接，呈无序发展态势。

大部分园区成立时间久远，虽在发展之初基本制定了发展规划，但随着时间推移，在实际建设、项目引进中未认真落实，规划的目的仅仅是为了通过审批程序，或是为了单个或几个项目落地，导致现有产业发展混乱，陷入低价土地和雷同优惠条件相互竞争企业入驻的误区。

2022年4月24日，中共中山市委印发《中山市2022—2026年地方性法规制定规划》，围绕重点领域、新兴领域、群众反映强烈的民生领域等开展立法，确保立法反映改革发展需要，实现立法与重大改革决策相衔接，进一步发挥地方立法对中山经济社会发展的引领、推动、规范和保障作用。2022年5月25日，中山市司法局推动出台《中山市优化营商环境条例》，围绕产业园区发展、工程质量管理等优化营商环境措施开展立法调研、推动立法进程，坚持立法与改革相衔接相促进，做到重大改革于法有据，充分发挥立法的引领和推动作用。进一步优化政府立法联系点设置，对与企业生产经营密切相关的立法项目，充分听取有关企业和行业协会商会意见。

但当前在中山市行政监管仍然在产业的发展过程中占据重要地位，一定程度上放大了产业组织、结构和技术都严重落后于时代发展的问题。加之中山市产业政策本身尚未健全，由此造成产业政策宏观调控的作用无法得到正常发挥，产业结构不够合理。根据国内当前的产业政策，占据主导地位的调控手段仍然是行政审批或计划指令，尤其在对外贸易环境受阻的当代，更需政府企业同向发力，集中力量办大事，因此法律调控手段的补强不可或缺。

（二）产业政策指引不足

产业政策一般包括产业结构政策、产业组织政策、产业技术政策、产业布局政策等几方面的内容。如图3-4所示，这些政策相互交叉、相互联系在一起，构成产业政策体系。产业政策是指为了促进国家经济福利的发展，政府部门干预而实施的对于整个国家的整个产业或特定的产业部门的有关政策。

我国传统的行政主导方式无法适应产业组织成长、结构优化、技术

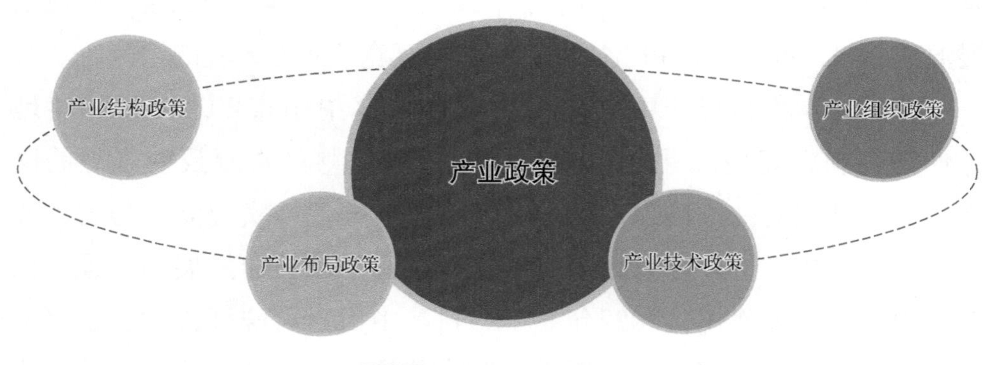

图3-4 产业政策相关类型划分

创新的需要。由于我国产业政策本身的局限性，致使产业政策难以发挥宏观调控作用，对提升产业结构合理化与高级化程度贡献率较低，这与法律性调控手段在产业政策中的作用弱化有直接关系。产业政策宏观调控的法律机制已成为宏观调控法的重要构成，在后金融危机时期和经济全球化条件下，我国适时将“培育和发展战略性新兴战略产业”作为应对经济危机的选择，必须建立健全相关法律体系与政策指引。

目前，中山市很多重要领域的产业政策缺乏地方立法的支撑，大部分只以某种规范性文件形式或政策予以规范。规范性文件及政策的稳定性、适用范围远远不及地方立法，造成产业政策在具体实施中出现诸多变数，同时又难以兼顾各产业协调发展，统筹规划相关产业布局、结构调整、发展规模和建设时序等，单纯依靠规范性文件和政策，整体实施效果不尽人意。

五、数字化网络时代冲击

随着数字化网络时代的到来，各行各业及人民生活正发生天翻地覆的改变。对于中山市的大多数产业园区中的传统制造业而言，它们不仅要在经济环境低迷的情况下寻求生存之道，同时还要承受数字化网络时代到来带来的冲击——新兴产业的冲击。

数字化时代的到来意味着整体产业结构的颠覆。数字化时代往往伴随着数字技术的发展，模拟技术和迭代升级技术的成本明显大大降低，以之前在制造业中享有特殊地位的特种制造设备行业为例，其技术门槛明显逐步削弱，同时降低的还有它的市场垄断地位、产品竞争力和最重要的利润率。可以说，数字经济除了是一种工业发展水平的蜕变与提升，也同样是产业结构上、资源分配上、能力配置上的一次重新洗牌。

除了传统制造业在产业结构的地位受到影响之外，中山市各产业园区的核心竞争力也面临着巨大的挑战。对于中山市目前的产业园区而言，无论从事何种行业，通常在生产技术关键点上都会有专属于自己的一整套经验，这些生产经验并非来自其他，而是来源于自身在生产经营过程中长期的积累，使得在同行业中可以独占鳌头，让初出茅庐的竞争者难以模仿及超越。但这种情况在进入数字化时代后发生了改变，伴随着计算机科学、大数据分析等技术的发展，以数据为基础的新一代数字技术有望克服“以人为主”的经验总结盲点。在此背景下，能首先掌握数据的企业就可以在未来的行业竞争中占得先机，真正拥有这些重要数据并有能力利用资本加以开发的企业将会对传统制造业造成致命打击。

实际上，处于传统制造业的顶端企业早已看穿新时代来临的冲击和自身所面临的困境，它们积极寻找机会，融入数字化发展时代的潮流，希望自己能早日完成产业转型与突破，保持自身在业界的竞争力。但当企业具体实施战略的时候，会发现已不知不觉处于两难的境地，难以面对同类转型行业的竞争以及数字化人才的竞争。对于传统制造业企业来说，目前已进入到寡头竞争状态，寡头企业之间的信息相对透明且同质化严重，企业互相之间的优劣势及手段策略差异较少，因此导致同一产业内转型方向高度集中从而竞争非常激烈。但实际上即便所有人都认为数字化转型是传统制造业的必经之路，如何实现又或是如何突破目前的困境仍然是无人可预知的事情，现在所有的举措都未能真正有针对性地实现转型，更为普遍的现象是各个寡头企业像在行业内相互追逐热点，最终可能出现新一轮的泡沫效益。

总的来说，数字化网络时代的冲击已对中山市的传统制造业园区造成了巨大的困境，虽然企业已经意识到需要进行数字化转型改革，努力调整自身姿态以保持竞争力，但在困境面前暂时还有许多难题等着企业解决。乘上数字化新时代浪潮必然会让企业竞争力上升一个阶层，但首先要做的是找到适合自己的船以及如何划动手中的桨。

六、绿色发展引领程度不够

伴随产业结构不断优化升级，面临资源能源日益紧张的环境限制，绿色发展逐渐成为主流，是推动高质量发展的重要手段和应有之义。绿色发展是以效率、和谐、持续为目标的经济增长和社会发展方式，不再是仅追求速度，还需要讲究质量。无论是企业家、园区管理者还是政府部门，都需要从理念、模式以及管理方法等维度全面贯彻绿色发展思维，坚持降碳、减污、扩绿、增长协同推进，方能合力促进区域高质量可持续发展，但中山市目前发展现状仍未能完全满足前述要求。

首先在理念方面，片面追求经济效益的粗放型发展阶段已经成为过去，但其所形成的氛围却仍未消散。即使国家环境法律规制日趋严格，高压态势下促成企业具备一定环保投入，但从思路上并未扭转，仅停留在“被动接受环保要求，并非主动兼顾环境效益”的阶段，其意识形态自然决定行为水平，难以满足长效发展的要求。

其次是从模式方面，中山市大部分产业园区的诞生都是自然集聚而成，园区导向不明晰，入驻企业五花八门，未对区域所产生的资源压力、能源负担、环境影响做全面分析与统筹考虑，自然在发展模式上显得粗放与零散，不具备向心力与凝聚力。在这样的产业集聚体中，每个“细胞”都各自为政，难以挖掘共性元素，无法实现资源共享、集中治污、能源流动等降本增效途径，在发展中更多是竞争而非合作，无法汇集形成“组织”，更无法演变为“器官”“系统”。

最后是从管理方法方面，各行政主管部门若不统一思想策略，将难以自上而下地改善当前发展局面。植入绿色发展思维，从规划层面妥善安置产业空间，顺应工业和信息化发展趋势明确所重点扶持与发展的目标产业，整合各领域准入要求形成“负面清单”，坚持“放管服”改革，利用产业园区进行一级管理，从而集零为整，形成大大小小、井然有序的高质量发展网格。

七、基础设施配套不完善

许多在中山市扎根的产业园区属于村镇低效工业园，村镇工业园通常是指使用农村集体土地建设的成片村镇工业园区或工业用地连片区域。在改革开放初期，广东借助毗邻港澳优势，大力发展劳动密集型加工企业，农村集体土地以其低成本优势吸引了大量工业企业蜂拥而至，形成了“村村点火、户户冒烟”的发展模式，全省数千个村级工业园应运而生。在高速经济增长发展的过程中，也存在着不少的问题，其中最为显著的问题就是基础设施配套不完善，其中包括交通不便、供水不足、排水不畅、供电供暖及公共服务设施配套建设不足。村镇工业园通过快速的招商引资，以租金为媒介来实现盈利的目的，导致大多数村镇工业园中都普遍存在“小而乱”的现象，缺乏具有系统性、前瞻性、指导性、权威性的规划，导致无法在园区建设前期实现由运营方开展基础设施配套建设，反而让企业后知后觉地去完成配套设施的建设。对企业来说，只需完成最低要求的配套设施即可进行生产，不会追求未来的可持续发展而进行合理的规划，因此随着时间流逝，配套的治理设施就会暴露出不完善或落后的问题。

就中山市治水问题而言，大部分产业园区在规划建设初期未考虑污染排放路径的妥善设置，雨污合流、清污混流、污水直接入河等情况比比皆是。尤其台风与强降雨天气来临的时候，管网堵塞、排涝不力、污染物无应急截流等情况将导致整个产业园区水漫金山。除此以外，中山市现有配套工业废水集中治理设施的产业园区仅6个，废气、工业固体废物集中管理能力普遍缺失，最终形成充斥着异味、污水、噪声的落后工业群落。

八、政府行政监督成本高

根据2022年中山工业企业空间信息实地调查工作，中山市累计核实工业企业共69151家，平均每个镇街约3000家工业企业，全市工业企业分布的行业广泛，所产生的污染源种类多且复杂。

同时，中山市大部分镇街生态环境管理部门的行政职能往往不局限于环境监察管理，譬如与综合行政执法部门划为一体，该类型政府机构往往还需要行使城市规划管理、道路交通秩序管控、工商行政管理等多方面的行政职能。因此，单纯通过人力实行行政监督不仅效率低，而且难以实现有效的环境监管。

为此，近年来中山市市镇两级环境管理职能部门已逐步开始借助物联设备、无人机、视频监控设施等力量实现非现场监管，通过污染物浓度在线监测、工况监控、液位监控、流量计量等方式，对环境影响程度较大的工业企业进行第一批次的“技防”尝试，但覆盖面也仅数百家企业，且已经耗费过千万的软硬件投入。面临数以万计的监管对象，盲目铺设智能装备将造成巨大的财政负担或企业压力，推进阻力较大。

九、基层管控执法能力弱

首先，生态环境管理部门由于执法的特殊性，对环境类专业知识与技术水平要求较高。执法人员在工作过程需要一定时间的学习与适应。就如同现场检查企业的污水排放，要先系统地弄懂各种污染物产生机理、了解污水处理的工艺流程、排放标准，还要认识并理清现场的设备、管线、辅助设施等，经验匮乏的执法人员可能会被违法企业刻意带偏。

其次，伴随“放管服”改革的深入推进，对企业减少打扰是优化营商环境的重要举措。为此，如何快速甄别违法企业需要更高超的执法技术与装备支撑。例如，在大气专项执法过程中，若针对废气中的各种不同污染物指标缺乏现场快速检测的设备，一线人员现场检查成效将大打折扣，无法快速评判环境影响程度，往往还需要多次到企业进行复查甚至全天候蹲守，最终影响政企关系，变成典型的“吃力不讨好”行为。

十、园区综合服务水平差

目前中山市大多数产业园区属于零管理或单纯人工管理，管理规制不健全、管理方法不高效、管理水平较低下，入驻企业未能体验服务与帮助，园企之间仅有厂房租售及资源供给的市场交易关系，相互黏性不强，企业难以找到长期扎根的主观动力。

中山市大多数产业园区自成立以来，除了一些简单的政府政策文件宣贯之外，涉及园区企业管理的制度建设或是研究比较少见，而曾经制定的一些涉企政策措施到现在也已经不符合实际，但却未进行适时调整。很多长期形成的工作程序或惯例，可能是习惯使然，但实际上既不合理又不合规，细究之下发现其中诸多漏洞。思想保守，相关制度政策不完善，对入园企业无法营造良好的发展环境。

针对目前中山市产业园区普遍现状，园区公共服务平台发展滞后原因主要分为两种：一种是大部分园区与入驻企业目前仍停留在“房东”与“租客”的这种简易关系模式，园区的运营方不愿意冒风险去投资打造能为企业提供更好服务水平的公共服务平台，仅停留于租赁收益便满足；另一种是部分园区已经迈出打造公共服务平台的那一步，但由于自身缺乏平台建设和运营管理经验导致公共服务平台发展滞后。随着信息化时代的到来，许多老旧的管理模式已经不太适应现今的发展趋势。例如，在不少园区内部管理中，租赁、企业进退等状态靠传统的纸质记录或电子Excel表格进行登记查询，需要大量人工导录，效率低，易出错，许多历史生产经营数据信息无法得到有效利用，不能通过大数据分析技术形成智能决策支撑，数据价值白白流失；园区特色优势缺乏统一信息展示窗口，对外未形成招商引资方面优势，对内无法全方位支撑决策，缺乏智能化、可视化管理，整体面貌落后且低效。

十一、自主研发创新度较低

许多年来，中山市一直致力于产业结构调整升级，推进“工业立市”“工业强市”乃至“产业立市”的发展战略，坚持走新型工业化道路，工业化程度不断提升，形成了重点产业逐渐突出、区域布局不断优化的产业发展格局。然而，改革开放至今中山市的经济发展基本属于一种高投入、高消耗、高污染、低效益的粗放型经济增长模式，主要表现在产品技术含量偏低，具有自主知识产权的高技术产品不多，产品附加值偏低，工业产品增加值率偏低，发展模式尚未彻底转变。

由于产业自主研发创新度较低，中山市各镇街及大小产业园区的产业结构趋同现象比较严重，基础工业发展落后于加工工业发展，生产资源或生产优势未得到有效发挥，工业高速增长但工业经济效益未能同步提高。中山市多数园区产业特色不鲜明，基本未明确主导产业，同质化竞争或零内联园区比比皆是。以中山市火炬高技术产业开发区为例，作为国家级高新区，园区多数企业尚未真正成为技术创新的主体，作为品牌企业的生产基地；部分企业技术创新活动又受到资金、技术、人才短缺的困扰，只有少数个体建立了有实力的研发机构。据调查，中山火炬开发区的高新技术企业将近500家，省级以上（含）研发机构数量将近200家，但该区域涵盖超过2000家工业企业，科创型企业占比较小。长此以往，园区内企业承接新产品、新技术、新方法的能力天然劣势，研究成果转化率不高，产品附加值无法提升，在激烈的市场竞争中逐步败下阵来。

十二、小微企业共享意识弱

近年来因为世界经济下行与多变贸易关系影响，外贸型经济明显发展失速甚至倒退，让众多企业发展雪上加霜，中山市广大小微企业首当其冲。此时，共享经济的理念成为小微企业解决资源匮乏痛点的一大重要途径。

小微企业目前面临的困境主要集中于供应与市场需求不平等，受资金驱动型模式影响，逐渐形成了经营产品与市场消耗不对称，供过于求。同时该类型企业经营或管理方面未合理运用现代化科学技术提升效能，当企业经营活动中出现某一问题时，无法及时有效响应与处理。此外，小微企业的融资问题一直是个难题，鉴于小微企业的企业管理能力、财务风险控制以及资金实力等方面都亟待提升，致使其在办理银行信贷业务时困难重重。共享经济，恰好可解决小微企业独木难支的窘况。

但在实际情况中，中山市小微企业共享的意识却较为薄弱。首先是在中山市土生土长的“土著型”企业，在多年发展后逐步固化为家族式产业，重视薪火传承，主观上避免对外寻求合作。再者，小微企业工艺链短，存在大量同类型的加工型产业，相互之间充满竞争，最终演变为产品同质化竞争。每个人都固守着自己眼前的饭碗，不愿意将目光放远放长，难以寻求合作窗口。

对于小微企业来说，最难解决的问题不仅仅是供过于求的市场因素，而是小微企业自身在行业内影响力的不足导致各类生产要素价格上涨、整体生产成本高、劳动力供求出现矛盾以及金融环境变化令小微企业融资难等问题。合理的共享经济模式，除了能让小项目变为大项目以增强自身的行业影响力来拓宽市场外，还可以将省下来的成本打造产业园区平台，搭上大中型企业的顺风车，借助大中型企业各类资源（资金、人才、土地、技术等），让自身在得到发展的同时不断实现转型升级，居安思危，不断谋求出路创造新的市场需求，才能在时代的推进下站稳脚跟，闯出属于自己的一番新天地。

参考文献

[1] 谭华健．用科技创新推动跨越式发展——中山火炬高新区大力推动产业化纪实[J]．中国高新区，2012（05）：70-73.

[2] 张冉．第四代产业园区的8大特征[J]．中国房地产，2019（23）：4.

[3] 杨凡．产业园区持续盈利新模式探讨[J]．行政事业资产与财务，2018（18）：2.

[4] 王志伟．产业园区REITs发展及风险防范研究[J]．审计观察，2023（7）：17-21.

[5] 尹力．中山美居产业园区企业服务质量研究[D]．广州：华南理工大学，2017.

第四章 中山市产业园区绿色创新探索

第一节　中山市共性工厂

一、概念萌发

自改革开放以来，制造业的迅猛发展为珠江三角洲地区带来显著的经济效益，但同时一些严重制约产业绿色可持续发展的问题也逐渐涌现。随着生态环境保护观念深入人心，工业污染源的监管要求也越来越严格，大部分产业规模小、附加值低、缺乏环保投入的代加工企业难以负荷有效污染防治所带来的成本，继而铤而走险，选择不正当运行污染防治设施甚至偷排。由此可见，生态环境中的污染源管理问题其实也是产业问题，低效益、高污染的粗放式发展已是过去式，对于大量存在环境污染又不愿意、不舍得、不自觉进行有效防治的企业，必须从源头进行布控，利用顶层设计与规划妥善安置与引导，鼓励实现集中管理、集约发展与集中治污。中山市共性工厂的概念亦从此应运而生。

中山市是全国最早提出“共性工厂”概念的城市，始于对家具、金属表面处理、印刷等涉挥发性有机物重点行业进行综合监管与“散乱污”专项整治工作。根据中山市工业固定源VOCs排放情况调查数据（2018年全口径统计数据）显示，全市13个VOCs重点行业中的VOCs年排放量约3.88万吨，涂料、天那水等年用量共计1.06万吨，为VOCs排放贡献首要物料。作为中山市VOCs的排放大户，企业数量多、规模小、分布散的传统表面涂装行业，正面临着环保压力大、转型升级难的问题。为此，中山市生态环境局以集约化手段推进“共性工厂”建设，解决中小型企业VOCs废气处理问题，要求实现集中生产、集中设计、集中治污，对部分重点产污工序探索设备、人力、资源共享，具备共享制造的雏形。这种方式有效助力中山市建立起绿色发展的新模式，营造共建共治共享的社会治理格局。

二、试点案例

从2017年至2021年，中山市积极谋划、推进、扶持各类共性工厂建设（如表4-1所列），为中山市传统优势产业的转型升级与集约管理提供重要抓手，涵盖家具制造、金属表面处理、包装材料、塑料制品等领域，主要集中酸洗、磷化、喷涂等涉及废水、废气、废渣产生的污染企业，通过设备共享、人员共享、污染收集及治理设施共享的方式进行生产经营。

表4-1　中山市环保领域已批共性工厂一览表（2022年调研情况）

项目名称	所属行业	主要工艺及产能	运营现状
中山市聚诚达实业投资有限公司年集中喷漆100万件家具项目	家具制造业	家具喷漆，已批准112个喷漆房及224支喷枪，可实现产能为$2.55\times10^6m^2$（单层喷涂）	基本完成厂房建设，未完全投入使用，计划以租赁模式经营
中山市云瑞包装材料有限公司建设项目	塑料制品业、废弃资源综合利用业	泡沫制造及废塑料造粒，可年产塑料制品超过1500t、再造塑料粒超过80t	拟采用租赁模式经营，但招租过程困难，目前未投入使用
中山市大涌镇众业家具厂集中喷漆扩建项目	家具制造业	家具喷漆，已批准10个喷漆房及20支喷枪，可实现产能为$2.5\times10^5m^2$（集中喷涂方面）	未建设
中山市伍氏大观园家具有限公司集中喷漆房建设项目	家具制造业	家具喷漆，已批准40个喷漆房及80支喷枪，可实现产能为$4.0\times10^5m^2$（分三期建设）	完成1个漆房的建设，未验收，自用，未实现共性工厂效果

续 表

项目名称	所属行业	主要工艺及产能	运营现状
中山市励豪红木家具有限公司集中喷漆建设项目	家具制造业	家具喷漆，已批准 32 个喷漆房及 64 支喷枪，可实现产能为 $6.4\times10^5m^2$	仅完成厂房建设，未配套生产设施及治污设施，未实现共性工厂效果
中山市大涌镇双智家具厂集中喷漆建设项目	家具制造业	家具喷漆，已批准 8 个喷漆房及 16 支喷枪，可实现产能为 $1.2\times10^5m^2$（分两期建设）	完成4个漆房的建设，未验收，但厂房租期已满，已退租
中山市大涌镇金锋佳家具厂改扩建项目	家具制造业	家具喷漆，已批准 10 个喷漆房及 20 支喷枪，可实现产能为 $2.5\times10^5m^2$（集中喷涂方面）	完成4个漆房的建设，未验收，部分自用，部分单纯出租
中山市大涌镇瑞达家具厂项目	家具制造业	家具喷漆，已批准 8 个喷漆房及 24 支喷枪，可实现年集中喷涂红木家具 1 万套	停产状态，采用租赁模式经营，有机废气、废水实现集中治理
中山市益洁节能环保服务技术有限公司集中喷漆建设项目	家具制造业	家具喷漆，已批准 35 个喷漆房，可实现产能为 $1.32\times10^6m^2$（分四期建设）	未建设
中山市威顺家具有限公司集中喷漆建设项目	家具制造业	家具喷漆，已批准 18 个喷漆房及 36 支喷枪，可实现产能为 $5.9\times10^5m^2$（分三期建设）	未建设
中山市大唐红木家具市场经营管理部集中喷漆建设项目	家具制造业	家具喷漆，已批准 20 个喷漆房，可实现产能为 $3.8\times10^5m^2$（分三期建设）	完成 6 个漆房的建设与验收，但仅 1 个正在自用，未实现共性工厂效果
中山冠承电器实业有限公司新建项目	金属制品业、电气机械和器材制造业	金属制品除油、陶化、喷漆/喷粉/电泳，塑料喷漆，总涂装面积约 $1.26\times10^7m^2$	正常运营，采用租赁模式经营，有机废气、废水实现集中治理
广东立义科技股份有限公司三厂区扩建项目	塑料制品业	塑料制品注塑、喷涂，已批准超过 200 台注塑机、4 条喷涂线，年产塑料件超 50000t	建设中

（一）家具行业“共性工厂”试点案例

2017年底，中山市大涌镇瑞达家具厂率先建设红木家具集中涂装车间，成为全市乃至全省首个家具行业集中式喷漆废气处理试点项目，以高标准的环保治理设施解决中小型家具企业喷漆尾气和涂装废水处理问题[1]。中山市大涌镇瑞达家具厂共建设8个喷漆房，配套24支手工喷枪，设有统一涂装房、晾干房、组装区、仓库区，将涂装与晾干过程产生的有机废气集中收集至天面统一处理，选用治理效率较高的催化燃烧工艺。此外，瑞达家具厂所建设的污水处理站除日常满足自身水帘柜废水处理需求外，还可以通过槽车运输等方式收纳大涌镇其他红木家具生产企业的零散工业废水，广义上实现区域污水集中治理，为大涌镇家具行业工业废水防治提供新思路。

瑞达家具厂建设情况如图4-1所示。

图4-1　中山市大涌镇瑞达家具厂“共性工厂”建设情况

但瑞达家具厂在实际运营过程中困难重重：

① 红木家具行业生产技术不断进步，涂装已经不再属于生产加工过程的必须项，更清洁、低污染的生产组合亦越来越受到消费者的青睐，涂装加工市场的收缩导致瑞达家具厂生产负荷难以保障，运营压力大；

② 红木家具与金属制品最大的区别在于其尺寸，家具难以采用上挂式自动涂装，多数需要人工喷涂，这也导致实际生产效率饱受涂装人员数量及水平的影响；

③ 红木家具喷涂后大多采用晾干方式进行涂料固化，该过程需要占据较多生产空间，对厂房资源较为浪费，从一定程度上厂房空间也制约了家具类共性工厂的生产能力；

④ 催化燃烧式污染治理设施存在耗能大、成本高的显著特点，在未达到一定订单量时，生产效益无法有效覆盖污染治理成本，对共性工厂运营方而言无疑是雪上加霜，迫于经济压力难以保障污染防治设施的妥善运转与管理维护，从而治理设施逐渐失去其“生命力”，形成恶性循环。

从瑞达家具厂的试点案例可发现，家具类共性工厂针对喷漆、晾干等工艺可实现集中化管理与生产资源共享，但其对生产空间、物流条件、工人水平等其他生产要素要求较高，可辐射影响范围较窄，预计仅可对直径1km范围内的中小型家具企业集群进行服务。同时高昂的污染治理成本导致“厂主”经营压力巨大，受市场经济冲击明显，容易沦为一般性经营企业。瑞达家具厂在市场竞逐中逐渐改为零散废水接收单位，丢失“共性工厂”的特殊身份，未能实现其资源配置优化、生产要素共享、污染集中防治等理论效能。

（二）金属表面处理行业“共性工厂”试点案例

中山冠承电器实业有限公司位于中山市黄圃镇魁中路12号，共设有高层（4F）厂房5栋、污水处理站1座，主要从事金属配件和塑料配件的喷漆、喷粉、电泳等涂装加工，配套金属件除油/脱脂、陶化、酸洗、磷化、清洗、喷砂、机加工等工艺。冠承电器公司配套统一污水处理中心，设有多套“吸附浓缩+催化燃烧”的末端废气治理装置，入驻企业基本实现废水、废气的集中收集与治理。

冠承电器公司建设情况如图4-2所示。

图4-2　中山市冠承电器实业有限公司“共性工厂”建设情况

但冠承电器公司实际运营过程中也未能成为“共性工厂”的标杆。一是冠承电器公司主要采取厂房租赁的模式进行经营，未妥善设置内部管理制度与准入退出机制，导致入驻企业可按自身订单需求随意购置生产设施与原辅料，难以保证“共性工厂”的表里如一；二是冠承电器公司在引入企业的过程中，未充分考虑同类型工艺相邻、上下层设计，入驻过程较为无序，在生产设备完成建设后又难以调整，呈现“各自为政”的摆地摊式发展现状，难以实现资源共享、人员共享、设备共享、能源梯级利用等较为理想的共享制造模式；三是冠承电器公司对入驻企业生产装备水平与管理水平未提出统一明确要求，导致内部企业发展参差不齐，部分车间存在废水跑冒滴漏、化学品堆放混乱、废气管线老旧破损等问题，园区整体形象不佳。

从冠承电器公司的试点案例可发现，金属表面处理类共性工厂涉及多种多样的生产工艺，工艺链条较复杂，每个经营主体之间由于订单需求的差异难以实现生产设施的共享。每个车间从事不同的产品加工服务，各环节生产要素缺乏共享条件，无法形成相互促进作用，发展空间有限。此外，如果对各生产主体从准入、设计、建设、运营、退出等过程未配套清晰的管理规定与有效的监督方法，将逐步成为“零管理”的落后企业，未能发挥“共性工厂”的效果。

三、模式总结

回首中山市5年的“共性工厂”模式探索之路，家具行业以及家电行业的配套加工业成功挖掘出新方法、新模式、新集群，在共享制造与集中治污方面初具形态，但13个已批项目的实际运营情况却普遍堪忧，整体可持续发展的动力不足，市场经济冲击抵御能力不强。究其根本，“共性工厂”存在规划控制不足、技术支撑不够、产业链条不全、运营模式不优、管理工作不强的痛点。

（一）规划控制不足

“共性工厂”始于对家具、金属表面处理、印刷等涉挥发性有机物重点行业进行综合监管与“散乱污”专项整治工作，由中山市生态环境管理部门率先提出并实施，但单个管理部门能力有限，在自由市场发展中欠缺抓手。从中山市大涌镇、沙溪镇的家具类“共性工厂”申报与审批情况可发现，这个崭新的产物起初的确具备吸引力，对原有专业镇的特色产业集群存在正面效能；但由于地方发展底数不清、市场需求不明、供需账未完全算准，9个持有大量污染排放指标的“共性工厂”项目存在明显同质化竞争行为；此外，由于大涌镇、沙溪镇家具产业发展较早，“楼企相邻”“已建但不符合后续规划调整方向”“大量企业自有溶剂型涂料喷涂的审批手续”等现象突出，新增的“共性工厂”未能有效在本土化市场寻找增量、替代存量，早期建设的（如瑞达家具厂）逐渐发展畸形，已批未建的采取隔岸观火或浅尝辄止的态度，共性效果大打折扣。

（二）技术支撑不够

“共性工厂”概念在推广过程中无论是法律保障、政策帮扶、标准约束、规范指引等方面都显得后继乏力，中山市虽在2021年出台《中山市VOC共性工厂污染防治技术指引》，涵盖工艺流程、产污节点、规范准入、源头管控、过程控制、末端治理、污染防治可行技术、环境管理等方面内容，但缺乏对“共性工厂”从规划、设计、建设、运营、管理等全生命周期系统指引，“共性工厂”实际建设过程为更大限度牟利容易走样，成为“偷工减料（为节省成本建设低效厂房）”“卖狗悬羊（获取污染排放指标后成为包租公）”“治理设施晒太阳（为节省成本未有效运行污染防治设施）”的反面教材。

（三）产业链条不全

“共性工厂”在起初设计理念中仅对产生污染的某一个或某几个生产工艺进行集聚，存在生产链条被选择性掐断的情况，导致招商过程存在阻力。此外，“共性工厂”为实现集中治污一般整个建设项目仅有几种工艺，同质化严重，产业链上下游均不在厂内，上下楼层经营者均属于竞争对手，缺乏黏性，发展空间有限。

（四）运营模式不优

“共性工厂”属于面向某个传统产业提供智能代加工服务的独立

法人实体工厂，是一个独立的建设项目，本意是采取设备租赁、委托加工等方式进行生产。但大部分实际建成投产的“共性工厂”却退居幕后，完全将车间对外租赁，入驻的企业不具备独立的建设项目手续，同时面临高昂的租金、管理费、水电费以及污染治理成本，为此购置的生产设备都相对落后，只能采取打价格战的方式获取订单，重重压力下根本无暇管理，也无法投入更多资金或资源到自身企业的长远发展当中，流动性强。而对“共性工厂”的实际持有者，只想利用租金等渠道实现旱涝保收，经营理念落后，丝毫不关心每个车间的发展质量与生存状态，也不愿意投入更多资金和资源到整个工厂的建设与管理中。这样的“共性工厂”在发展中容易走弯路，逐渐表里不一，完全不具备内驱力、竞争力、生存力以及发展力。

（五）管理工作不强

当“共性工厂”的实质转变为“包租公”“二房东”后，租赁获益就成为其安身立命之根本，只要愿意承受相应的费用即可入驻生产，框框条条的管理制度若是阻碍招商与生产更会影响出租营收，为此无论是准入条件、管理规定、退出机制都将形同虚设或直接未制定。大部分“共性工厂”所设立的管理机构实际职能为物业管理，对生产监督、环境管理、安全巡查等方面都不闻不问，导致实际生产者与厂房持有者仅存在租赁关系，不具备任何管理痕迹，这种充满惰性的管理机制将导致双方都充满侥幸心理，在各类事务（尤其像涉及一定成本的环境管理及安全管理工作）的开展中得过且过，极易造成各类突发事件，一发不可收。

第二节　中山市环保共性产业园

一、方法革新

早在2017年，深圳市、东莞市、佛山市的土地开发强度都已超过国际公认的30%警戒线：其中深圳市逼近50%、东莞市达48.5%、佛山市约35%，而作为佛山制造业引擎的顺德区已高达50%[2]。根据《广东省村镇工业集聚区升级改造攻坚战三年行动方案》相关数据，珠江三角洲的村镇工业集聚区总用地面积约150万亩，占珠江三角洲工业用地总面积的31%；但2019年珠江三角洲集聚区的工业增加值约617亿元，仅占珠江三角洲工业增加值的2%。低效的产业园区土地资源消耗大、市场经济贡献小、遍地开发又难以管理、村企混搭矛盾不断等问题突出。

立足当前，受国际经济环境的影响，制造业大环境已经明显从增量市场向存量市场转变，转型升级过程中劳动密集型的代加工企业已逐渐由于附加值低、同质化严重、贸易战影响等内在或外界影响而被市场所淘汰，工业房地产泡沫问题随之而来，厂房空置率已经成为东莞、佛山、中山等城市的新一轮发展难题。

围绕着落后低效集聚区与企业相继淘汰，井喷式厂房建设但又面临大量空置的双重困局，中山市大胆创新，敢于从产业链条中寻找破局之路、勇于从污染治理中发掘另类商机、善于从共享经济中契合绿色发展，将以往“共性工厂”的经验与教训完全吸收转化，在广东省乃至全国率先提出发展环保共性产业园的先进理念，拓宽视野，从社会发展全局思考与解决难题，统筹考虑产业发展、空间规划、污染治理、节能降碳，打通园、企、官（政府）、民之间关系，将经济为环保买单的现象转变为环保引领经济发展的新篇。

环保共性产业园的出发点是基于中山市产业发展与环境治理的

双重需求，核心是解决环境保护与经济发展的关系问题（如图4-3所示），要求在社会经济发展过程兼顾绿色发展理念和生态文明思想，充分理解自然价值与环境资本，倡导一种更科学、适配、可持续的发展方式。

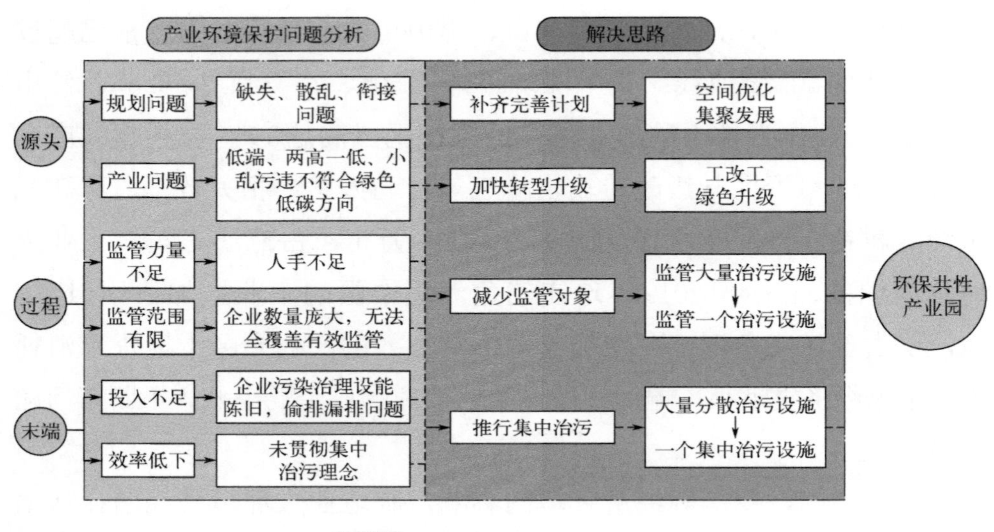

图4-3 产业环境保护问题全流程分析

二、理论基础

环保共性产业园通过将同一产业或同一地区企业生产加工或设计等的某一个或某几个特定产污环节聚集，或提供集中式环境污染治理设施配套服务，实现集中生产、集中设计、集中治污、集中供热等，同时配套产业链上下游企业，形成产业聚集发展的产业生态圈，最终实现产城融合。环保共性产业园是为产业链上下游提供共享产污工序与环境污染治理设施配套服务，且在功能布局上有明显分区的产业园区。环保共性产业园当前已形成“3+4+7”的理论体系，即覆盖三个产业层面，提倡四个功能分区，打造七个“共”字内核。

（一）三个产业层面

1. 第一产业

2021年，中山市粮食作物播种面积4.25万亩、蔬菜种植面积23.10万亩、水果培育面积5.02万亩、粮食产量1.47×10^4t、蔬菜产量3.677×10^5t、水果产量1.038×10^5t、猪牛羊禽肉产量1.28×10^4t、水产品产量4.025×10^5t。

当前中山市水产养殖面积超过30万亩，以淡水养殖为主，主要养殖对象为四大家鱼、脆肉鲩、脆肉罗非鱼、南美白对虾等品种。中山市是水产养殖大市，养殖品种、面积、规模和产量的基数都非常庞大，但传统养殖模式粗放，集约化、规模化程度低，养殖户缺乏环保意识，鱼塘大排大灌现象普遍[3]。据统计，中山市水产养殖尾水年排放量超过1.5×10^8t，是农业面源污染的主要来源，将近占全市废水排放总量的1/4。

面对如此污染大户，中山市从2021年起开展水产养殖升级改造与尾水治理专项行动，计划在2021～2024年对全市约30万亩连片养殖池塘进行升级改造并开展水产养殖尾水治理，通过构建技术支持、流程审批、资金扶持、督导检查、研判会商“五项机制”，推动养殖池塘升级改造与尾水治理落地见效。在此基础上，中山市生态环境局与农业农村局联合，通过建立水产养殖“环保共性产业园”模式，进一步实施生态健康养殖与养殖尾水治理模式推广，实现水产养殖业绿色发展和水环境改善“双赢”。

第一产业环保共性产业园发展目标如图4-4所示。

2. 第二产业

2021年，中山市规模以上工业实现利润总额约286.01亿元，同比下降5.9%；亏损企业亏损总额约60.16亿元，经济下行情况明显；分经济类型看，国有控股企业利润约0.62亿元，下降93.4%；股份制企业利润约95.66亿元，下降30.0%；分行业看，制造业利润约277.70

图4-4 第一产业环保共性产业园发展目标

亿元，下降1.5%；电力、热力、燃气及水生产和供应业利润约8.30亿元，下降62.1%；GDP亦在全省排名中逐渐被超越。

中山市作为曾经广东省四小龙之一，工业发展一度十分迅猛，20多个镇街各具特色，以“一镇一品”的发展方略进行谋划、构建，形成了小榄五金、古镇灯饰、大涌红木、沙溪服装、东凤阜沙小家电、南头黄圃电器等特色产业带。伴随产业环境的快速变化与运营成本的不断增加，传统优势行业面临转型升级的挑战，但恰遇经济寒冬，订单骤减、资源能源提价、供求关系失衡等现状严重威胁了大部分工业企业。为降低自身经营成本，部分企业经营者铤而走险，以生态环境为代价牟一己私利，散乱污现象频发。为此，中山市立足于家具、金属制品、家用电器、灯饰、游戏游艺、塑料制品、铸造等具有一定产业基础的行业，在全市统筹分期推进不少于25个环保共性产业园的设计、建设，通过规划布控、认定挂牌、标准指引、政策扶持、专业委员会同盟等方式方法，从政府到园区到企业共同发力，实现集聚式发展、集中式治污、集约式管理。第二产业环保共性产业园发展目标如图4-5所示。

中山市第二产业环保共性产业园重点项目–近期(2022～2025年)

小榄镇
- 小榄镇家具产业环保共性产业园(聚诚达项目)-已批共性工厂；
- 小榄镇五金表面处理聚集区环保共性产业园-已批环保共性产业园

古镇镇
- 古镇镇光电产业环保共性产业园-规划新增项目；
- 古镇镇泡沫产业环保共性产业园-规划新增项目

港口镇
- 港口镇家居产业环保共性产业园-规划新增项目；
- 港口镇展示产业环保共性产业园-规划新增项目；
- 港口镇游艺产业环保共性产业园-规划新增项目

三角镇
- 高平化工区环保共性产业园-规划新增项目；
- 三角镇五金配件产业环保共性产业园-规划新增项目；
- 三角镇五金制品产业环保共性产业园-规划新增项目

横栏镇
- 横栏镇灯饰供应链环保共性产业园-已批环保共性产业园

黄圃镇
- 黄圃镇家电产业环保共性产业园(冠承项目)-已批共性工厂

阜沙镇
- 阜沙镇家电产业环保共性产业园-规划新增项目；
- 中山阜沙康澳5G环保共性产业园-规划新增项目；
- 中山阜沙圆山工业园-规划新增项目

南头镇
- 南头镇家电产业环保共性产业园(立义项目)-已批共性工厂

三乡镇
- 三乡镇金属表面处理环保共性产业园(前陇工业区)-已批环保共性产业园

坦洲镇
- 坦洲镇七村社区金属配件产业环保共性产业园-规划新增项目

中山市第二产业环保共性产业园重点项目–中远期(2026～2035年)

翠亨新区(南朗街道)
- 南朗街道健康医药环保共性产业园-规划新增项目

民众街道
- 中山市民众镇沙仔综合化工集聚区环保共性产业园-规划新增项目

中山港街道
- 中山健康科技产业基地环保共性产业园-规划新增项目

东凤镇
- 东凤镇小家电产业环保共性产业园(选址待定)-规划新增项目

黄圃镇
- 黄圃镇大岑片区家电产业环保共性产业园-规划新增项目

大涌镇
- 大涌镇家具产业环保共性产业园-规划新增项目

沙溪镇
- 沙溪镇家具产业环保共性产业园-规划新增项目

坦洲镇
- 坦洲镇新前进村金属配件产业环保共性产业园-规划新增项目

图4-5　第二产业环保共性产业园发展目标

3. 第三产业

2021年，中山市批发和零售业增加值约362.01亿元，比上年增长6.5%；交通运输、仓储和邮政业增加值约59.99亿元，增长10.8%；住宿和餐饮业增加值约48.44亿元，增长10.7%；金融业增加值约264.80亿元，增长2.5%；房地产业增加值约329.70亿元，下降2.0%。现代服务业增加值约1040.97亿元，增长4.3%。中山市近年在产业比重方面第三产业所占比例显著增加，服务业整体发展潜势较大。

由于服务行业主要面向对象为消费者（个人），所产生的经营内容属于典型的“to C”产品。为了更贴近客户群，如餐饮行业、娱乐行业、汽车维修行业等基本环绕居民区而建，在国土空间规划仍旧日益完善的今天，看似为居住区提供便捷配套的“吃喝玩乐”集群反而成为投诉与矛盾的集中点，油烟、异味、噪声成为市镇投诉热线的关键词，从本来应该成为“邻喜”的建筑设计最终变成了“邻避”的信访问题。

致力于改善全市居民生活质量，彰显创建全国文明典范城市的决心，中山市当前针对餐饮油烟、汽车维修喷涂废气、城市固体废物处理处置三大范畴分别谋划相关环保共性产业园（“绿岛项目”），通过统一设计、统一规划、统一指导、统一收集、统一处理处置的“五统一”模式完善信访高频服务行业的污染管控，以专业技术助力服务行业经营无忧。

（二）四个功能分区

1. 核心区

核心区由单个或多个共性工厂组成，集聚污染较重的工序或集中共性污染物，实施集中治污。核心区立足于集中治污的中心思想，对具备条件的生产环节进行治污设备乃至生产设备的共享，对主要污染物实施集中收集、统一处理。核心区本质是为打破属地产业配套发展困局，目的在于解决整个产业园的污染治理问题，致力于达到拓展区企业进驻时可“环保无忧、拎包入住”。

在一个核心区内，应根据其共性工序的特征、周边环境质量状况、区域资源禀赋等因素综合考虑发展规模与建筑布局，无论是厂房高度、荷载，电梯数量、物流方案、给排水管路、消防设施等，都离不开对区内共性工序的剖析和研究，只有找到最合适的设计方案，核心区才有与众不同的适应力、竞争力、吸引力。

在一个环保共性产业园内，核心区可以不唯一，甚至也可以是共享的，即存在一园一核、一园多核、多园一核等发展模式，如图4-6所示。

（1）一园一核　适用于外部资源条件有限，单一核心区已经满足所在区域或镇街产业配套需求的环保共性产业园，其内部资源循环与经营模式相对固定，有较为明确的物理边界，生产及治污能力外溢空间较小，服务行业及共性工序较单一，主要解决区域散乱污问题。

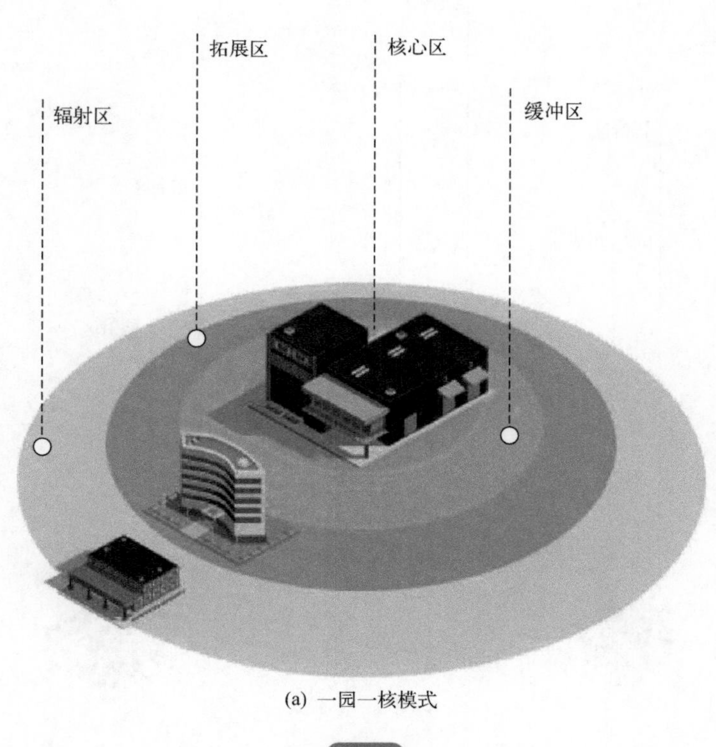

(a) 一园一核模式

图4-6

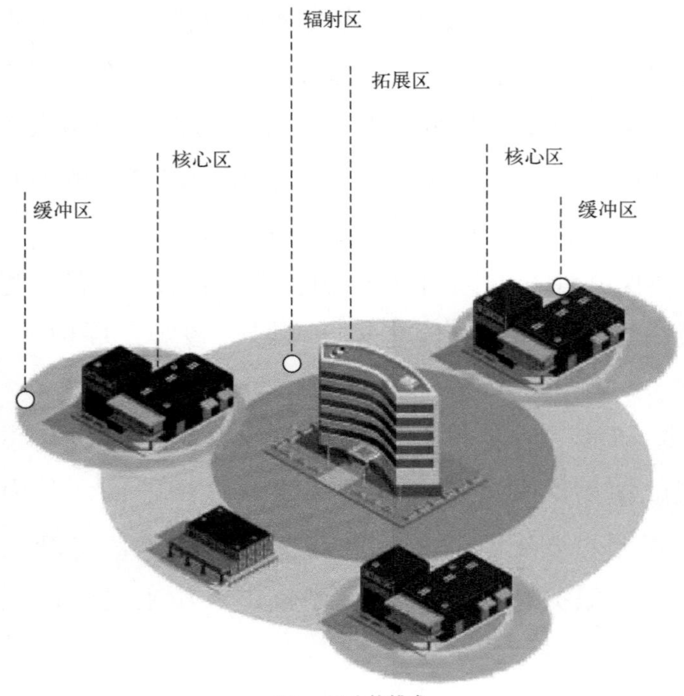

(b) 一园多核模式

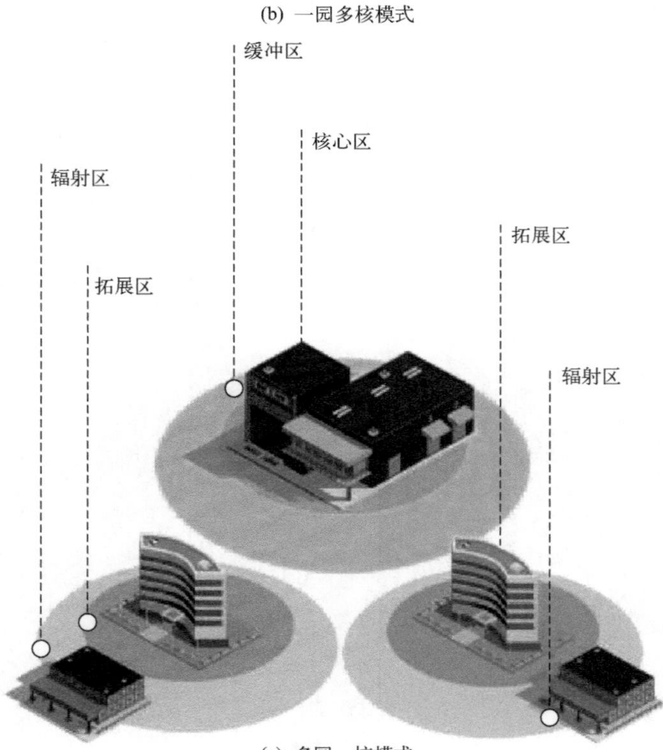

(c) 多园一核模式

图 4-6 中山市环保共性产业园核心区模式

（2）一园多核 适用于外部资源较丰富，无论属地产业种类、配套需求、土地资源、环境容量等方面都能充分配给的环保共性产业园，由于存在多种多样的共性工序，产业园内部通过精心设计可注入循环经济的发展理念，将你的“污染物”变成我的“原材料”，打造梯级利用的能源架构，区内入驻企业相互依存，黏性较强，主要解决区域传统优势产业转型升级问题。

（3）多园一核 适用于外部资源较紧缺或核心区所持有的土地及排污指标丰腴的两种情形，基于本土产业特色，引导不同地理位置上有一定集聚基础的产业集群将污染工序统一入驻核心区，可充分利用核心区的污染治理能力，同时便于集中管控，主要解决区域经济发展与污染协同治理的问题。

2. 缓冲区

缓冲区的设置主要是将核心区对外造成的剩余环境影响利用空间削弱作用降到最低，起到隔离带与防护栏的作用。缓冲区主要建设道路、绿化带、水体等内容，将污染集中治理的核心区与周边环境进行分割。由此可见，核心区与缓冲区是相互连接的关系，亦代表在核心区建设过程中需要预留足够位置空间供缓冲区设置使用。

3. 拓展区

拓展区是环保共性产业园在经济高质量发展中的主角，是以核心区为底层基础而搭设的上层建筑，是制造业转型升级的关键引擎。拓展区主要设置绿色零排或近零排高端生产区、综合办公区和搭建相关研发机构、产学研平台，丰富整个环保共性产业园的业态，全面延展产业链，集研发、设计、生产、加工、策划、销售、品牌、售后等环节于一园，致力于将“上下游”往“上下楼”“左右栋”“前后区”转变，将原有虚拟的产业联系转变为肉眼可见的物理连接，发挥环保共性产业园的规模集聚效应。

4. 辐射区

辐射区是一个预设概念，主要是对圈层结构完善、集聚效应突出、规模效益显著的环保共性产业园进行服务效应外溢与扩张。环保共性产业园的最终成就是辐射影响产业链上下游企业在园区外围分布发展，与环保共性产业园产业链融合共生，形成高端产业生态圈。

（三）七个“共”字内核

环保共性产业园集中精力围绕七个“共”字而打造，即基于“共商、共建”的规划建设原则，发掘“共性”细胞，共享一切可“共享”的资源，降本增效，形成黏附力极强的“共生”关系，“共创”新型产业园区及“共同美好家园”，最终走出一条兼顾环境效益与经济效益“共赢”之路，如图4-7所示。

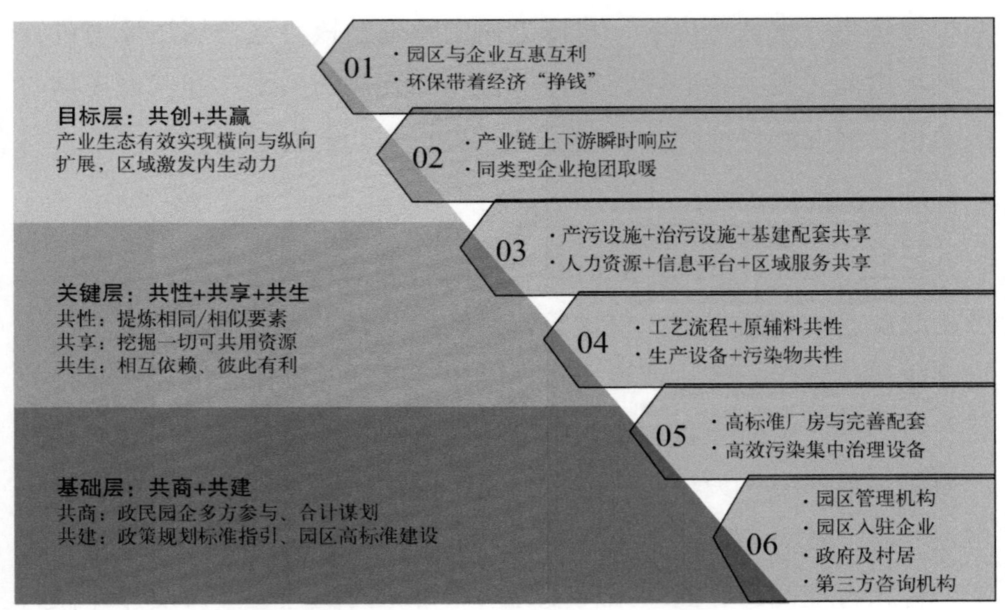

图4-7 中山市环保共性产业园七个“共”字内核

1. 共商

环保共性产业园在最初的谋划建设到投产运营的全生命周期，鼓励多方参与、出谋划策。

（1）各级政府与相关管理部门　可参与顶层设计指引，在产业选择、功能分区、污染指标等范畴提供关键意见，甚至统筹建设。

（2）国有企业　雄厚的资金库与集团式产业链条无疑是环保共性产业园生存发展的动力源泉，可负责谋划、投资、建设环保共性产业园。

（3）龙头企业（民营或外资）及广泛投资者　可从商业角度更全面地分析项目的可行性与效益情况，在基于集聚发展、集约管理、集中治污的前提下，投资建设环保共性产业园。鉴于土地私有化情形，当前中山市大部分环保共性产业园的投资建设方均为民营企业。

（4）村居　社会公众的参与主要是起到预防和提前解决矛盾的作用，在充分解释项目内容、主旨、成效的基础上，与周边居民达到较为一致的空间布局，争取群众支持。此外，对于中山大量农村集体经济体而言，村居既是土地的持有者，也是投资者，通过引入环保共性产业园盘活土地资源，也有利于属地绿色发展。

（5）专业第三方　一个环保共性产业园的设计、投资、建设、运营、管理等范畴都需要不同的专业背景与知识，拥抱市场上专业的第三方机构可令园区在每个环节中少走弯路、错路，同时利用BOT、EPC+O等运营模式也可以让投资方无暇或不便管理的环保共性产业园得到更为细致、专业的运作。

2. 共建

环保共性产业园是立足高起点、高标准、高要求的产业载体，在规划、设计、建设、运行维护及管理方面必须落实生态工业园区、循环工业园区、无废园区、海绵城市、绿色低碳的建设理念，建立企业间、产业间相互衔接、相互耦合、相互共生的链条，促进资源集约利用、废物交换利用、废水循环利用、能源梯级利用等体系，其构筑物、生产设施、污染治理设施、公共配套组件等都需要达到统一标准，具备一定门槛。

为达到统一、协调、适配的设计建设标准，政府、投资方、入驻企业等角色可分别从自身未来发展或管理需求进行提案，充分利用规划、工作方案、建设规范、管理规范、团体标准等文件进行思想灌输与要求传递，从而达到共建效果。同时，鼓励在建设过程中多主体参与，政府、社区、村居、国有企业、民间资本等都可以作为资本或资源的投资者，土地入股、资金入股、技术入股等形式均可，云集更多资源，对环保共性产业园的建设效果亦更有保障。

3. 共性

环保共性产业园与其他一般产业园区、工业集聚区最大的区别在于其对入驻企业的选择性，相较于无目标、无门槛、无偏向的园区，环保共性产业园的内核在于“共性”二字，也是串联核心区内部企业群、拓展区内部企业群、核心区与拓展区、园区内与园区外等不同维度的关键纽带。共性可以说是该类型园区的立命之本。

共性的内涵是丰富多样的，从字面意义解释为“同类事物所共有的普遍性质”，在企业、园区乃至更大的空间中，能够挖掘到多少个共性细胞，这个环保共性产业园就具备多强的生命力。生产工艺、原辅料、污染收集与治理、物流运输、人力资源、园区服务等范畴都可以是由共性细胞组成的重要组织。

4. 共享

拥有广泛的共性细胞基础，如何实现产能效益最大化、资源利用最小化、成本配置最优化，则是环保共性产业园所要着力突破的壁垒。共享一切可共享的资源，将所有冗余的成本去除，保留最高效、最精准、最优质的生产模式，正是环保共性产业园所递交的答卷。

纵观整个环保共性产业园，从企业生产侧原辅料配给、供应，生产设施运作、生产技术研发与设计、污染收集与治理、过程物流运输、产品检测等到企业管理侧人力资源、财务税务、资质认证等，乃至工业园区侧物业管理、食宿配套、安全巡查、金融服务等版块，都可以通过资源共享、人员共享、设施共享等方式进行成本压缩与配置优化。

5. 共生

如果将市场经济参与成员之间关系与大自然物种之间关系进行类比，大致也存在捕食（如吞并、收购）、竞争（同类型企业之间）、寄生（单向传输的上下游，尤其是“三来一补”式代工企业）、共生四种情况，其中共生关系就是环保共性产业园所要倾力打造的园区生态链，是一种崇尚合作、倡导和谐与可持续的种群关系。

共生指的是相互依赖、彼此有利的一种状态，重点体现在企业与企业之间、产业园与企业之间、核心区与拓展区之间的三大关联。

环保共性产业园强调产业链的完整性与连续性，虽然将涉及污染的主要工序进行集中管控，但该类型工序亦属于区域产业配套工段，以中小型加工企业为主，通过集中式发展形成规模与品牌效应，通过共享的机制弱化同质化竞争，达到企业之间共同促进、相互提升的目标。

对于产业园而言，入驻企业是实际生产力，是园区发展的发动机，而自身所从事的应是服务而不是业务。一个配套完善、运营贴心的产业园可为入驻企业带来各方各面的专业服务，构建平台集中发布企业的供需信息，利用集采团购优势降低成本，孵化培育种子企业，从市场单打独斗转变为相互成就。

从核心区与拓展区的功能定位上看，核心区是产业发展的中游，而拓展区则是致力于延伸产业发展的上游与下游。利用核心区迅速响应的加工生产能力，拓展区可专注于创新创造、研发设计、品牌策划、市场营销等领域，全面提升产品附加值，创先争优，弘扬本土产业特色，打造环保共性产业园的亮丽名片。

6. 共创

达到共创是环保共性产业园的价值体现，是内生动力与产业链循环作用的反应成果，是园区企业之间基于自身生产需求所选择的一种更高效、更低成本的可持续发展模式。

在环保共性产业园良好运转过程中，园区为入驻企业将提供各式各样的精品服务，园企之间黏性较强，安居乐业的产业环境保障企业家扎根于此，上下一心致力于打造规模效应突出、集聚效益明显、生产生活环境优美的“共同家园”，从而不断擦亮产业园区名片，持续提升园区品牌价值，同时吸引更多产业链上下游企业或行业精英入园，达到园区与企业双向奔赴、共创佳话。

7. 共赢

实现共赢是环保共性产业园的夙愿，是持之以恒的奋斗方向，是产业园区与入驻企业共同奋斗而成的胜利果实。

对于入驻企业而言，在园内中可享受更完善的服务、更先进的制造业环境、更科学的管理体系、更安全的营商环境以及更显著的成本优势。环保共性产业园功能分区明确、产业导向清晰、产业链条完备，旨在共享一切可共享的资源与服务，最大限度降低从业者的经营压力，牺牲少量且不正当的短期利益换取长远绿色可持续发展。

对于产业园而言，打造高规格、高标准、高起点的环保共性生产集群无疑是高昂的成本注入，但通过政府扶持、政策支撑、资金奖补、绿色金融等力量介入后，环保共性产业园相较于一般工业园区更具发展潜力。在环保共性产业园内，企业更专注于生产、园区更致力于服务，无形之中建立了一个又一个信息互通、资源共享的产业平台。

环保共性产业园正在走出一条兼顾环境效益、经济效益和社会效益的绿色高质量发展之路，逐步将“经济发展为环境保护买单”的历史转变为“环保引领社会经济高质量发展”的未来。

三、规划情况

中山市秉承伟人孙中山先生“敢为天下先”的精神，在珠江三角洲传统制造业转型升级过程中勇于尝试，开创性提出发展环保共性产业园的理念，并发布《中山市环保共性产业园规划》，以提升经济总量、解决污染存量、减少排污总量、改善环境质量为关键，指导全市23个镇街规划、布局、建设各类型环保共性产业园，全力响应低效工业园改造与未达标水体整治两场没有退路的攻坚战。

1. 提升经济总量

环保共性产业园的建设将同步完成低效厂房的更新换代以及落后产能的“腾笼换鸟”，通过“工业上楼”的方式全面提升城市产业发展的空间利用率与土地容积率，利用园区集聚的模式将产业链上下游捆绑发展，既释放冗余的土地空间又强化产业链上下游的依存关系。此外，完善的园区服务与数字化、智能化、全面化的管理方式将及时发现和解决可能存在的环境问题与风险隐患，营造安心生产的发展空间，保障无事不扰的营商环境。

2. 解决污染存量

《中山市环保共性产业园规划》中明确：“本规划实施后，按重点项目计划推进环保共性产业园、共性工厂建设，镇内其他区域原则上不再审批或备案环保共性产业园核心区、共性工厂涉及的共性工序的规模以下建设项目，规模以下建设项目是指年产值小于2000万元的项目；对于符合镇街产业布局等相关规划、环保手续齐全、清洁生产达到国内或国际先进水平的规模以下技改、扩建、搬迁建设项目，经镇街政府同意后方可向生态环境部门报批或备案项目建设”，通过规划引导，未来中山市大量中小型规模以下加工企业将无法建设，环保共性产业园是其唯一出路，通过宏观协调指引，将有助于避免过往“摊大饼”的无序发展模式。

3. 减少排污总量

中山市主要筛选出家电、灯饰、家具、游戏游艺、塑料制品、金属制品等传统优势产业进行共性规划，将其生产过程中污染较大的表面处理、喷涂、发泡、印刷等环节进行集聚管控。通过对废气、废水、固体废物的集中收集、集中治理或处置，实现典型污染工序集约管理、集中治污，提高监管效能，每年预计减少COD_{Cr}、VOCs和碳排放量分别约720t、9800t、29800t。

4. 改善环境质量

在实现典型污染行业企业集聚发展、集约管理、集中治污后，污染物从产生到结束全过程可控，产业发展路径明晰，散乱污企业无处落户，单个个体污染治理“投入大、不专业、缺人手、难管理”等问题迎刃而解，并利用环保共性产业园这个全新的发展平台进行减污、降碳、节能、增效，打造“无废园区”“低碳园区”“循环园区”，无论是大气环境、水环境、人居环境等方面都将得到显著提升。

参考文献

[1] 孙嘉琳，廖冰莹. 中山建设“共性工厂”服务中小企业[J]. 南方日报，2018.

[2] 凌腾，卢石应，梁玉清. 广东省珠三角地区工业控制线划定研究——以惠州市龙门县为例[J]. 2020中国城市规划年会，2021.

[3] 郑秀亮，肖欢欢. 中山：水产养殖走出新模式[J]. 环境，2022(11)：31-32.

第五章

环保共性产业园顶层规划

谋划环保共性产业园的未来，有效推进产业发展，需要顶层设计及合力推动。顶层设计是运用系统论的方法，从全局的角度对某项任务或者某个项目的各个方面、各层次、各要素进行统筹规划，以集中有效资源，高效快捷地实现目标的一种思路。

通过借鉴发达国家相关经验并结合我国其他优秀环保产业园案例，以国家及省市战略需求为导向，科学谋划布局，加快研制中山市环保共性产业园发展规划，明确未来产业发展的重点方向、重点领域、战略任务、发展路径和战略举措；同时，为产业经济发展培育良好的产业生态，加快建立系统、完整、协调的未来产业发展长效机制。

第一节　全产业链条设计

“全产业链”发展模式最早在第一产业提出并应用，目的往往在于拓展产业增值增效。随着“全产业链”发展模式的成功实践，第二产业逐渐重视全产业链条的设计及规划，尤其是受到经济下行压力、经济增速放缓、互联网经济、湾区建设等多方因素影响的制造业，急需完善利益联结，推进先进制造业与传统优势产业延链、补链、壮链、优链、合链，从抓生产到抓链条，从抓产品到抓产业，从抓环节到抓体系。

一、全产业链发展模式的探索

一般所指的“全产业链”发展模式，最初由中粮集团提出，是在中国居民食品消费升级、农产品产业升级、食品安全形势严峻的大背景下应运而生，具体是指从产业链源头做起，经过种植与采购、贸易与物流、食品原料和饲料原料加工、养殖屠宰、食品加工、分销及物流、品牌推广、食品销售等每一个环节，实现食品安全可追溯，形成安全、营养、健康的食品供应全过程，打造“安全、放心、健康”食品产业链[1]。

中粮集团“全产业链”发展模式竞争优势突出以下几点：

① 创新性与差异化，“全产业链”模式是一种创新的商业模式，具有显著差异化特点，可以形成寡头优势，对手难以短时间之内进行复制。

② 盈利和抗风险能力，产业链条内市场关系稳定，平滑盈利的波动性，带来较高的、持续的、稳定的、成长性好的盈利[2]。

③ 战略协同效应，对于整个企业而言，“全产业链”发展模式形成的是一个有机的整体，价值链各环节之间、不同产品之间可实现战略性有机协同。

④ 规模效应和成本优势，“全产业链”发展模式好比云集各方力量共同打造对外的产品，所有参与方都作为产品附加值的组成部分，将不断优化自身生产成本。

⑤ 信息传递顺畅，产业链上下游能迅速反映及消化市场消费者的反馈信息，促进上游生产过程的创新与改善，使整个企业对市场的反应更敏捷、更及时。

中粮集团之所以能提出“全产业链”发展模式，需要归功于其自身较为丰富的产品品类，几乎包括了从原料生产到食品加工的所有环节：在上游，中粮集团从选种、选地，到种植、养殖等环节严格把控，从宏观层面调控产品结构；在加工环节，中粮集团将实现对产品品质的全过程控制，确保食品安全；在下游，中粮集团将通过技术研发和创新，向消费者提供更多的健康、营养的食品。以消费者为导向，通过对原料获取、物流加工、产品营销等关键环节的有效管控，从而实现“从田间到餐桌”的全产业贯通。

中粮集团“全产业链”发展模式，首先是一种经营思想和理念，从战略意义上讲，“全产业链”是一种能够提升企业资源利用率的模式，能够提升经营效率，减少交易成本和风险，但同时该模式的应用也是中粮集团企业实力的体现。中粮集团“全产业链”发展模式，以企业自身长期历史积累，足够的资产规模和布局，丰富的产品品类等作为基础，若一般的企业难以短时间之内建立“全产业链”业务模式[3]。

2021年5月，农业农村部出台《农业农村部关于加快农业全产业链培育发展的指导意见》，明确提出“农业全产业链”是农业研发、生产、加工、储运、销售、品牌、体验、消费、服务等环节和主体紧密关联、有效衔接、耦合配套、协同发展的有机整体。不难看出，全产业链的理论与实践逐渐受到政府、企业和科研组织的重视。而我国第二产业在向全球价值链高端节点转移过程中，也需要转变原有各自为政发展思路，解决产业链短、小、缺、弱系列问题，构建以技术进步主导的“全产业链”发展模式，助力传统优势产业稳步转型升级，保障先进制造业蓬勃发展。

二、中山“全产业链”模式设计基础

近几年，受到复杂严峻的国际环境和全球经济下行等多重考验，中山市稳中求进，经济大局总体平稳运行。中山市三产比例以第二产业为主，工业发展基本形成了以新一代信息技术、高端装备制造、健康医药等新兴产业为主导，灯饰照明、家具、五金锁具、纺织服装、家用电器等传统特色产业齐头并进的态势。

目前，中山市工业和信息化发展仍存在一些突出问题，包括发展层次不高、战略性新兴产业未能挑起大梁、产业关键核心技术攻关能力不强、传统产业转型升级成效不佳、资源要素瓶颈突出及信息化、网络化、数字化、智能化应用水平有待提高等问题。如表5-1所列。

表5-1　中山市工业和信息化发展存在问题一览表

问题概述	具体表现
1. 制造业发展层次总体不高	大多数产业仍处于中低端产业层次主导的发展阶段，缺乏大企业大项目，拥有自主知识产权和核心技术的龙头企业少，带动能力不足，品牌影响力不强，市场占有率高的拳头产品较少。中山市工业产值、增加值等指标增速连续多年在珠江三角洲排名靠后
2. 战略性新兴产业未能挑起大梁	中山制造业以传统产业为主，新兴产业支撑力度较弱，以新一代信息技术、高端装备制造、健康医药为代表的战略性新兴产业总体规模实力仍较弱小，先进制造业、高技术制造业增加值占规模以上工业增加值比重低于全省平均水平
3. 产业关键核心技术攻关能力不强	市场主体以中小微企业为主，研发投入强度较低，造成创新研发能力弱，传统产业集群对高端要素的吸引力和承载力不强，创新平台、创新人才等创新要素驱动力较弱，关键材料和部件受制于人
4. 传统产业转型升级成效不佳	近几年中山稳步推进传统产业改造升级，但成效不显著，传统产业发展势头减弱，企业技术改造投入强度不高，投资力度大、技术水平高能实现智能制造升级的技术改造项目不多
5. 资源要素瓶颈突出	土地瓶颈突出，面临土地资源紧缺和大量土地闲置的双重困境，工业发展空间不足；缺乏综合性高等院校进驻，人才招引难、留人难现象突出，主要产业领域的领军人才、技术人才缺乏
6. 信息化网络化数字化智能化应用水平有待提高	企业应用信息化、网络化、数字化、智能化整体水平不高，数字赋能制造业发展力度不强

制造业是实体经济的根基，是实现经济高质量发展的重要支撑力量。进入工业4.0时代以来，新技术、新产品、新业态、新模式不断涌现，“双循环”战略、“双区驱动”为制造业发展提供了新机遇，数字经济为灯饰照明、五金家具、纺织服装、家用电器等传统优势产业转型升级提供了新动能，为工业“全产业链”协同发展提供新可能，如表5-2所列。

表5-2 工业“全产业链”协同发展的政策方向

政策支撑	相关内容
《中共中央关于制定国民经济和社会发展第十四个五年规划和二〇三五年远景目标的建议》	推动全产业链优化升级，锻造产业链供应链长版
《广东省制造业高质量发展“十四五”规划》	逐步构建全产业链和产品全生命周期的绿色制造体系，强化绿色制造体系建设
《中山市工业和信息化发展“十四五”规划》	加快传统优势产业集群升级，按照“核心做强、协同带动”原则，引导产业链上下游抱团发展，提升综合配套能力，增强传统产业集群的集聚效应和辐射影响力

从国家角度，拥有全产业链意味着拥有较高水平的稳健性和较强的抵抗风险能力；从经济发展角度，一个国家、地区工业体系越完整，其内部产业集群耦合度将越高。换言之，这个国家或地区的工业配套生产成本就越低，彼此的生产配套效率就越高。对于制造业而言，在产品品质相近的情况下越低的成本就意味着越强的市场竞争力。

三、中山“全产业链”模式落地途径

“十四五”时期，全球新一轮科技革命和产业变革加速演进，我国经济已转向高质量发展阶段，广东省“一核一带一区”区域发展格局加快形成，粤港澳大湾区和深圳先行示范区建设深入推进，深中通道建成通车将带动中山全域对接深圳的“东承”战略。现今中山市正规划建设深圳-中山产业拓展走廊，全市制造业处于升级换挡、爬坡越坎的关键阶段，工业和信息化发展面临新的机遇和挑战。如何打造工业“全产业链”，并将“全产业链”转化为聚合竞争力，将成为未来一段时期内重要的命题。

2022年5月，中山市工业和信息化局发布的《中山市工业和信息化发展“十四五”规划》指出，在“十四五”期间，中山市将咬定制造业发展不放松，坚持制造业强市不动摇，促进中山市由制造大市向制造强市转变。到2025年，奋力走在广东省制造业高质量发展前列，加快建设制造强市、粤港澳大湾区世界级先进制造业基地；展望2035年，将形成若干具有全球竞争力的先进制造业产业集群，建成世界级先进制造业基地，努力将中山建设成全国制造业一线城市[4]。

抓住机遇，直面挑战，打造制造业强市，需要从“完善产业布局，培育新兴产业”“产业优化升级，壮大共享制造”“完善园区建设，推进产业协同”等方面着眼，需要从市级层面考虑全市的产业布局、从各组团层面考虑园区布局、从园区层面考虑区内规划建设。

（一）完善产业布局，培育新兴产业

立足中山市工业基础及未来发展趋势，积极对接省战略性产业集群培育战略，重点发展战略性产业，培育战略性新兴产业，做强做优特色优势产业，超前布局未来产业。

1. 延伸产业链，构建完整完备的制造业产业链

以自主可控、安全高效为目标，推进强链补链延链拓链工作。加强对生物医药、光电光学、智能家电、五金锁具、灯饰光源、新能源等重点产业链分布的全面梳理，以产业链的头部企业、核心关键共性技术、先进标准、关键部件、基础材料等为重点，遴选产业链关键产业，摸排产业链中短板和薄弱环节，提供精准对接服务，延伸产业链条，聚焦规模化主导产业，实现“各环节有龙头企业，关键点有核心技术”，打造具有全球影响力竞争力的优势产业集群。

2. 让五大组团各放异彩，继续打造特色产业

在“直筒子市”中山，前些年随着权力下放，镇域经济不断增强，同时也为难以破除的行政藩篱埋下伏笔。镇域行政区划体制下，镇街各自为政，城乡公共资源配置不均衡，土地开发利用碎片化、低效化，城镇建设陷入“摊小饼”的格局；产业发展资源很难跨区域流

动、配置和整合，镇域之间产业同质同构，“多镇一品”“多镇多品”的情况普遍存在，甚至存在盲目竞争、恶性竞争现象，导致经济上“遍地开花却难有大树”，产业发展呈现出粗放式的非整合格局，并造成土地资源粗放低效、环境污染加剧、基础设施重复建设等一系列问题。专业镇经济，也从一块带动中山经济发展的“跳板”变成了一块限制发展水平的“短板”。

2017年，中山市为打破“镇的藩篱”，下发《中共中山市委 中山市人民政府关于实施组团式发展战略的意见》，正式启动实施“组团式发展”战略，将中山市各镇街划分为中心组团、东部组团、东北部组团、西北部组团和南部组团共五大组团。立足资源禀赋、比较优势，科学把握各镇街发展定位、方向、路径、重点，“组团式发展”可分类引导镇街以差异化发展助推高质量发展；促使生产要素的集聚功能和辐射功能得到更充分地发挥，促进企业做大做强，提高市场竞争力。同时，以产业集群为依托，强化镇街间产业分工协作，统筹产城融合，促进特色优势产业跨区域合作。

3. 建设高标准产业集聚区

聚焦全省战略产业集群培育布局，结合中山市资源禀赋、产业基础和发展需求，努力培育建设省产业园和特色产业园，打造一批产业特色突出、产业配套完备的高水平园区，吸引产业、人才、资金、创新等资源要素聚集，创建集群区域品牌，建设成为国内领先、具有世界影响力的产业集群。

除“组团式发展”外，《中山市工业和信息化发展“十四五”规划》提到，以火炬国家高技术开发区（产业园）、翠亨新区（产业园）、岐江新城3个核心平台以及中山科学城、香山新城（中山南部新城）、中山北部产业园、中山西部产业园4个万亩级产业平台为引领，实施“东承、西接、南联、北融”一体化融合发展大战略，支撑未来制造业高质量发展，通过做大增量、盘活存量、改造升级，奋力再造产业新中山。

建设高标准厂房，围绕环保共性产业园，通过高标准设计、高质量集中建设及高水平运维，为珠江口东岸地区的产业转移及高端制造业创造优质硬件配套，吸引上下游产业链在中山落户和发展。

4. 优化产业发展生态系统

依托行业龙头骨干企业建设开源开放平台，构建线上线下相结合的大中小微企业创新协同、产能共享、产业链供应链互通的新型产业生态。充分发挥头部企业对重点产业链的引领带动作用，推动产业链上下游企业协同发展，增强头部企业的配套集成能力、共生发展能力。

鼓励支持围绕头部企业建立相关的产业链配套园区，推动头部企业及其配套企业增资扩产、提质增效、扩大产能，扶持其扎根中山做强壮大，通过提供链式服务、定制化专业化贴身化政务服务、更多的“绿色通道”“快速通道”，促进产品生产、服务水平、研究开发以及延伸出的物流配送、资金流、商流、信息流开发等相互关联的生态元素建设，打造共生协同、良性互动、配套完善的产业生态系统。

（二）产业优化升级，壮大共享制造

立足产业规划及未来方向大局，避免同质化不良竞争，实施传统制造业改造提升，加快推动灯饰照明、五金家具、纺织服装、家用电器等传统优势产业向智能化、品牌化、绿色化转型升级，建设全国竞争力强的汽车及零部件制造基地。发挥家电、家具、五金、灯饰等传统家居产业优势，引进培育数字家装运营单位，以产业协同平台、共享设计平台、共性工厂、共性仓储物流等为重点，建设数字家装产业平台。

推进先进制造业与生产性服务业深度融合，发展壮大共享制造[5]。将智能制造、数字制造、网络协同制造等先进制造技术广泛应用于制造业产品的研发设计、生产制造、检验检测等全过程，发展壮大共享制造、协同设计、现代供应链管理等新业态新模式。开展服务型制造试点示范，鼓励制造业向产业链两端高附加值生产服务拓展延

伸，实现“制造＋服务”“制造＋技术”，促进先进制造业与生产性服务业互动融合、共生发展。

（三）完善园区建设，推进产业协同

将系统集成能力强、市场占有率高、产业拉动作用大的龙头骨干企业作为“链主”企业进行重点支持，支持链主企业联合中小企业建立战略联盟，促进产业垂直分工和相关配套企业集聚，加大相关部件、工序间的紧密联动。通过“一链一图”“一链一策”，推动资源向产业链关键环节和价值链的高端领域延伸，打造若干拥有关键环节核心优势的产业链专业园区，形成特色鲜明的产业地标。

依托互联网、大数据、人工智能，精准采集并对接用户需求，发展个性化定制、全生命周期管理、网络精准营销、云制造等新业态，推动中山制造向中山智造转变，完善传统产业全生命周期公共技术服务体系，带动上下游企业协同升级。通过优化园区功能、淘汰“小、散、乱、污、违”的落后产能、“腾笼换鸟”等措施，实现产业结构逐步优化升级。

同时，聚焦碳达峰、碳中和牵引产业绿色低碳循环发展，培育一批绿色工厂、绿色园区、绿色产品和绿色供应链，构建高效、清洁、低碳、环保的绿色制造体系。发挥供应链核心龙头企业的引领带动作用，加强供应链上下游企业间的协作，建立绿色供应链管理模式，优先支持绿色工厂及绿色产品供应商纳入绿色供应链管理体系。

第二节　全空间功能定位

自“十三五”以来，我国工业发展区域布局发生了深刻变化。随着区域重大战略深入实施，我国工业出现了正从以往的东部地区领先增长转变为由沿海向内陆省份扩散的多级发展的格局，工业转型升级也朝着高质量发展方向前进。中山作为粤港澳大湾区九大城市之一，

正大力推进经济高质量发展，持续推进“工改”项目，推进工业上楼，不遗余力地推动产业集聚效应和人口集聚，带动产业的数字化转型和智慧化水平的提高。

中山市在吸收江浙一带“绿岛”先进建设理念的基础上，结合环境、生态、经济与地区发展等多种因素，对其首创的“共性工厂”进行优化升级、提质增效，提出环保共性产业园的理念，致力于推进传统租赁型园区向综合型服务园区转变，将盈利模式从简单的厂房租赁转向产业配套、企业招商、能源消耗、生产管理、人员、餐饮、交通物流等，并聚焦智慧化和数字化建设，为园区较为密集的车流、人流、能流以及物流等提供更加科学、合理的解决方案。

一、符合国土空间规划导向

中山市环保共性产业园与社会发展总体规划相衔接，与绿色经济、可持续发展理念不谋而合。为贯彻落实“多规合一”改革要求，统筹“山水林田湖草城”，坚持市级统筹与镇街发展对接、总规与专项对接、历史与未来对接，中山市已颁布最新的《中山市国土空间总体规划（2021—2035年）》（以下简称《国土空间规划》）。《国土空间规划》将创新摆在发展全局的核心位置，融入全球创新网络，打造湾区国际科技创新中心重要承载区；推动产业创新，保障产业空间，做实做强做优实体经济，重塑高质量发展新优势，跻身全国制造业一线城市前列，让智能化为经济赋能。

中山市规划打造先进制造业产业集群，建设高能级产业平台，增强制造业企业竞争力，推动制造业高质量发展；实施产业基础再造工程，深入实施质量提升计划，提升产业链发展水平，推动产业协同融合发展，打好产业基础高级化和产业链现代化攻坚战；推动数字化产业发展，加快产业数字化转型，完善数字经济生态圈，加快发展数字经济。

环保共性产业园正是从生态环境保护的角度出发，立足现有产业发展规划，站在产业转型升级、“工改”的交汇点，深化产业升级重构，加速绿色产业培育发展，挖掘绿色经济增长极，推动经济可持续发展，如表5-3所列，中山市环保共性产业园的规划功能定位完全契合《国土空间规划》的指引方向。

表5-3 中山市环保共性产业园空间功能定位一览表

所属组团	中山市环保共性产业园规划功能定位
中心组团	（1）建设医药环保共性产业园。推进建设西湾医药与健康产业园，配套建设集中式工业废水处理设施，统一处理西湾医药与健康产业园、中山市华南现代中医药城生产废水，高标准建设医药环保共性产业园 （2）建设谷盛智能家居环保共性产业园。做优做强港口镇家具、展示产业，建设以家具、智能家居设备、显示器件等为主导产业的谷盛智能家居环保共性产业园，共性工序包括喷涂、表面处理等，拟选址于港口镇沙港东路群乐路段，用地规模126.03亩 （3）建设日先展示环保共性产业园。建设以展示制品为主导产业的日先展示环保共性产业园，共性工序为喷涂、酸洗、磷化，拟选址于港口镇胜隆社区居民委员会木河迳东路，用地规模100亩 （4）建设金龙游艺环保共性产业园。建设以游艺为主导产业的金龙游艺环保共性产业园，共性工序包括树脂成型、砂磨、喷涂等，拟选址于中山市港口镇沙港中路，用地规模61亩 （5）建设中山健康科技产业基地环保共性产业园。完善中山健康科技产业基地基础设施配套建设，建设高标准健康医药环保共性产业园
西部组团	（1）建设大涌镇家具环保共性产业园。加强大涌镇家具产业集群治理，引导白蕉围片区家具企业进驻中山市大涌镇瑞信达家具共性工厂项目，引导旗南片区家具企业进驻中山市伍氏大观园家具有限公司集中喷涂共性工厂项目，引导安堂片区家具企业进驻中山市大涌镇双智家具厂集中喷漆共性工厂项目，引导葵朗片区家具企业进驻中山市大涌镇金锋佳家具共性工厂项目，引导大业片区家具企业进驻中山市励豪红木家具有限公司集中喷漆共性工厂项目，引导叠石村月地片区家具企业进驻中山市大涌镇众业家具厂集中喷漆共性工厂项目，共享喷漆车间 （2）建设沙溪镇家具环保共性产业园。强化沙溪镇家具产业喷涂共享服务，加快中山市大唐红木家具市场经营管理部集中喷漆共性工厂项目、中山市威顺家具有限公司集中喷漆共性工厂项目、中山市益洁节能环保服务技术有限公司集中喷漆共性工厂项目建设进程，为大唐红木家具市场、康乐南路、板尾园村周边企业提供家具喷漆加工服务，集约发展

续 表

所属组团	中山市环保共性产业园规划功能定位
西部组团	（3）建设古镇镇灯饰、泡沫环保共性产业园。依托古镇镇灯饰照明产业发展基础，推进光电产业产品改造，拟在古镇镇螺沙工业区建设环保共性产业园核心区，用地规模 251.6 亩，重点配套智慧光电涉污产业，探索扩展高附加值的涉污项目，同时配套一般工业固体废物综合利用和处置站，通过“工改”逐步将螺沙片区发展为环保共性产业园拓展区，推动古镇镇灯饰产业高质量发展，带动辐射周边整个灯饰产业集群共建共享共赢。配套古镇灯饰产业发展，建设古镇镇大卉新材料智慧共性低碳循环产业园，选址于古镇镇海洲大华工业区，用地规模 24 亩，重点发展 EPS 新材料、塑料包装产业 （4）建设横栏镇灯饰、家居环保共性产业园。增强横栏镇灯饰、家居产业竞争力，加快横栏镇灯饰供应链环保共性产业园建设进程，引导镇内灯饰、家居产业集中发展、集中治污、集中管理。配套灯饰、家居产品包装服务 （5）建设小榄镇五金、家具环保共性产业园。促进小榄镇五金、办公家具、锁具等重点产业转型升级，加快小榄镇五金表面处理聚集区环保共性产业园、中山聚诚达共享喷涂环保共性产业园建设进程，以金属表面处理、喷涂工序为核心，聚集发展智能家居、智能锁、智能照明（LED）器具、家具产业，打造中山市环保共性产业园样板工程。积极布局以压铸、注塑工序为核心的五金、塑料配件环保共性产业园
东北部组团	（1）建设黄圃镇家电环保共性产业园。推进黄圃镇智能家电产业集群发展，提升中山冠承电器实业有限公司共性工厂建设水平，新增大岑片区环保共性产业园，拟选址于黄圃镇大岑村西部，用地规模约 114.98 亩，重点发展家电产业、厨卫用品产业、电子信息产业 （2）建设三角镇环保共性产业园。加快中山市三角镇高平化工区产业转型升级，规划建设高端装备制造、新一代信息技术、生物医药等产业。建设金焱智造高端表面处理环保共性产业园，重点发展高端表面处理产业（家电、汽车、摩托车类配件金属表面处理），拟选址于中山市三角镇昌隆西街 3 号，用地规模约 34.95 亩；建设诚创达高端环保产业园，重点发展全球高端金属制造业、电器机械和器材表面处理，重点服务高端汽车、齿轮传动类高精密装置、电动工具、医疗、叠层模具、电磁屏蔽器件、导热器件和其他电子器件表面处理，提供高品质的表面处理技术配套服务，拟选址于中山市三角镇三角村福泽路 18 号，用地规模约 38 亩 （3）建设中山市民众镇沙仔综合化工集聚区环保共性产业园。完善中山市民众镇沙仔综合化工集聚区基础设施配套建设，促进中山市民众镇沙仔综合化工集聚区转型升级，用地规模 9961.5 亩

续 表

所属组团	中山市环保共性产业园规划功能定位
西北部组团	（1）建设南头镇环保共性产业园。做大做强南头镇家电产业，加快广东立义科技股份有限公司三厂区喷漆共性工厂项目建设进程，对镇内家电产业塑料配件进行集中喷漆处理，废气集中治理，推动南头镇家电产业良性发展 （2）建设东凤镇小家电环保共性产业园。做优做强东凤镇小家电产业，扩大产业集群规模，规划建设东凤镇小家电环保共性产业园，聚集发展，提升小家电产业专业化、智能化水平 （3）建设阜沙镇环保共性产业园。建设中山市嘉顺电器有限公司共性工厂、中山康澳（兴达）5G共性产业园、中山阜沙圆山工业园，整合提升阜沙镇家电、电路板及金属表面处理产业的建设水平，集中治污，专业运维，提升行业竞争力
南部组团	（1）建设三乡镇金属表面处理环保共性产业园。集中优势打造铝材加工制造业和汽车配件及维修设备制造业产业集群，落实三乡镇金属表面处理产业发展规划，加快三乡镇金属表面处理环保共性产业园工业废水集中处理厂建设进程，促使铝材加工、汽车配件及维修设备制造业集群规范发展，实现集中治污 （2）建设坦洲镇金属表面处理环保共性产业园。做优做强坦洲镇摄影器材、金属制品产业，以金属表面处理为聚集核心，规划建设2处环保共性产业园

二、靶向对接政企发展需求

（一）配合政府攻坚产业难题

政府掌握较为丰富的资源配置的权力，在市场发挥资源配置基础性作用的同时，在建设周期长、早期投资大、收益回报时间长等领域，政府一双“有形的手”可以很好地弥补市场调控的不足[4]。北京大学国家发展研究院李玲教授，在接受采访时曾提到，我国是制造大国，但医药是中国制造的一大短板。中国制造打遍天下，拥有最完整的工业体系，制药却大部分依赖进口，包括各类医疗器械、耗材设备。其中，医药进口比例约为70%，价格昂贵的医疗企业进口比例约为90%。我国医药制造的薄弱也成为了老百姓看病难、看病贵的重要原因。

立足中山市，作为曾经的“四小虎”之一，具备一定的工业产业基础，中山市政府可以考虑通过政府一双“有形的手”建设健康医药产业园。典型的是中山市火炬高技术产业开发区。在火炬开发区，具有雄厚的产业优势。火炬开发区聚焦健康医药、智能装备、光电信息、检验检测、数字创意、都市农业打造“3+3”现代化产业体系，围绕产业链部署创新链，以创新链推动引领产业转型升级，打造千亿级战略性新兴产业集群，目前全区产业门类齐全，培育出了明阳智能、联合光电、康方生物等一批行业领军的高新技术企业。同时，火炬开发区还拥有国家健康科技产业基地，多年负责承办健康与发展中山论坛等行业盛会，搭建了医疗卫生和健康产业交流与合作的国际化平台。

政府主导型园区布局的产业方向，更多地应聚焦在培育重点特色产业，培育专精特新企业和行业“小巨人”，同时发挥政府的主导和引领作用，为企业和高校牵线搭桥，在园区重点产业领域突破一批“卡脖子”“杀手锏”技术。中山市立足火炬开发区现代医药园区以及翠亨新区地理优势，应加大在医药领域的主导作用，为火炬建设现代医药园，吸引高水平人才落户，推动经济高质量发展。

（二）服务村镇集体经济发展

村企合作契合多元主体间利益均衡需求，是农村市场经济发展和城乡共同富裕的内在需要。促使村企合作维续的根本在于制定以产权实践为核心的村企合作利益分配政策、以治理有效为指向的现代企业管理政策[6]。村企合作有效实现的理想路径是构建以规则共同体为支撑、以市场共同体为导向、以价值共同体为目标的利益共同体模式，通过塑造利益认同心理、筑稳利益协调机制和赋能利益组织建设，把村企合作多元主体有机融合在共建共治共享的结构中，并坚持底线思维、系统思维和法治思维，保障土地、粮食和生态安全。

在我国，村集体是除国家以外对土地拥有所有权的唯一的组织，其职责主要是组织本集体成员参加生产活动，利用本经济组织的生产资料、生产工具等从事营利性活动。虽然根据《民法典》的规定，农村集体经济组织被划分为特别法人，对外具有独立法人身份，但根据政府职责的划分，农村集体经济组织受农业农村部负责指导、管理。

据调查，中山市大量村企合作型园区往往以村集体提供土地、企业投资建设的形式开展合作。目前，小榄镇绿金湾环保共性产业园正是这种村企合作型园区的典型代表。该园区致力于打造成深圳、东莞等珠江口东岸城市制造业转型升级的全新平台，不仅为一批中山市本土金属表面处理企业提供提档升级的厂房配套，同时也吸引5G、半导体、芯片制造等高科技产业，为金属表面处理产业带来上下游链式配套。

村企合作型园区符合中山市国土所有权的现实情况，由于大部分土地仍保留在村集体手上，而大部分制造业企业、工业园区、集聚区均散乱分布在村落。因此，其他尚未开工的“工改”企业、村镇园区可以借鉴“绿金湾”模式，一方面为本镇留住本土企业；另一方面，助力本镇产业提档升级。

（三）围绕企业资源高效利用

对于具备一定土地资源、排污指标、市场份额的企业而言，作为主体进行的产业地产开发是对自身资源更高效利用的科学方法。通过营建一个相对独立的产业园区，在自身企业入驻且占主导的前提下，借助企业在产业中强大的凝聚力与号召力，通过土地出让、项目租售等方式引进其他同类企业的聚集，实现整个产业链的打造及完善主体企业引导模式。一方面，解决企业扩产需要，甚至通过产业投资实现资本溢价，带动园区资产增值；另一方面，通过引进上下游企业，降低自身运营成本。这种围绕企业资源而布设的产业园区，与主导企业的实力及在某一特定产业中的招商运营能力的关系较大。

目前，中山市正规划建设的环保共性产业园当中，美盈家具、大一涂料、元子实业、聚诚达等企业投资建设的环保共性产业园，正是如此。该类型园区的布局往往稳定在主要生产经营地，选址过程无法过多考虑四周情况，与投建方自身资源储备直接挂钩，将贴合自身企业生产、发展需求来开展建设，园区的招商方向也相对明确。

第三节　全流程进退制约

一、环保共性产业园准入

环保共性产业园应基于“三线一单”管控要求，符合国家、省和市的产业政策，严格环境转入，包括符合当产业政策、环保政策、生态环境分区及其他准入条件，具体可参见《环保共性产业园——粤港澳大湾区中山市的探索》（杜敏等著，2023）第七章“中山市环保共性产业园布局及准入”的相关内容，本书将不再赘述。

二、环保共性产业园认定

依据《中山市生态环境局关于印发<中山市生态环境局关于环保共性产业园认定管理办法>的函》，市生态环境局环保共性产业园认定管理工作小组负责环保共性产业园认定以及认定后的环境管理工作，各镇街人民政府协助开展环保共性产业园认定以及管理工作。通过认定的环保共性产业园，在生态环境专项资金申请及分配方面予以优先考虑。

环保共性产业园的认定分两种情形。第一种情形为环保共性产业园预评价认定申请（以下简称“蓝牌”申请），申请节点为拟申请认定为环保共性产业园的园区已完成建设，公共配套设施已建成，蓝牌有效期原则上为3年，期满不续期。

第二种情形为环保共性产业园认定申请（以下简称“绿牌”申请），申请节点为拟申请认定为环保共性产业园的园区已完成建设并投入运行，公共配套设施已建成，公共配套的污染防治措施已通过竣工环境保护验收，绿牌有效期原则上为3年，有效期满前向市生态环境局提交续期申请，逾期未申请的需重新认定。具体可参见《环保共性产业园——粤港澳大湾区中山市的探索》（杜敏等著，2023）第九章“中山市环保共性产业园支撑体系建设”的相关内容，本书将不再赘述。

三、环保共性产业园环评简化

根据2022年中山市生态环境局出台的《中山市生态环境局优化环评审批服务助力经济高质量发展的若干措施》“（十）完善规划环评制度。推动国家级、省级各类开发区（园区）依法依规开展规划环境影响评价；鼓励环保共性产业园等工业集聚区等区域开展规划环境影响评价；推进区域环境影响评估”，环保共性产业园鼓励采取“园区规划环评+入驻企业项目环评”的组合方式进行环境影响评价。规划环境影响评价可从区域角度充分考虑多个项目的相互作用、叠加、干扰等产生的影响，同时将具备多个替代方案，对园区综合发展过程更具指引及保险作用。环保共性产业园建设全生命周期如图5-1所示。

环保共性产业园内进驻的同一类企业项目，可打捆办理环评。其环评中需明确各项目建设主体，产品产能、原辅材料、生产设备、工艺流程、污染物产排核算及收集治理方式等内容按项目划分列明，明确各自主体环保责任。对位于已完成规划环评并落实要求的园区，且符合相关生态环境准入要求的建设项目，其项目环评可直接引用规划环评中符合时效要求的环境质量现状调查和生态环境现状调查相关结论。利用打捆办理环评的方式，可显著压缩审批时限，深化园区规划环评与企业项目环评的内在联系，加快项目的投建上马，充分彰显政府“放管服”改革的决心。

四、环保共性产业园指引完善

目前对于环保共性产业园的配套政策多为依附在工业用地改造的工作内容上，缺少了针对性，许多政策未能解答产业园区准入、建设全过程管理上的问题，甚至有一些是未能与现有的建设情况匹配。部

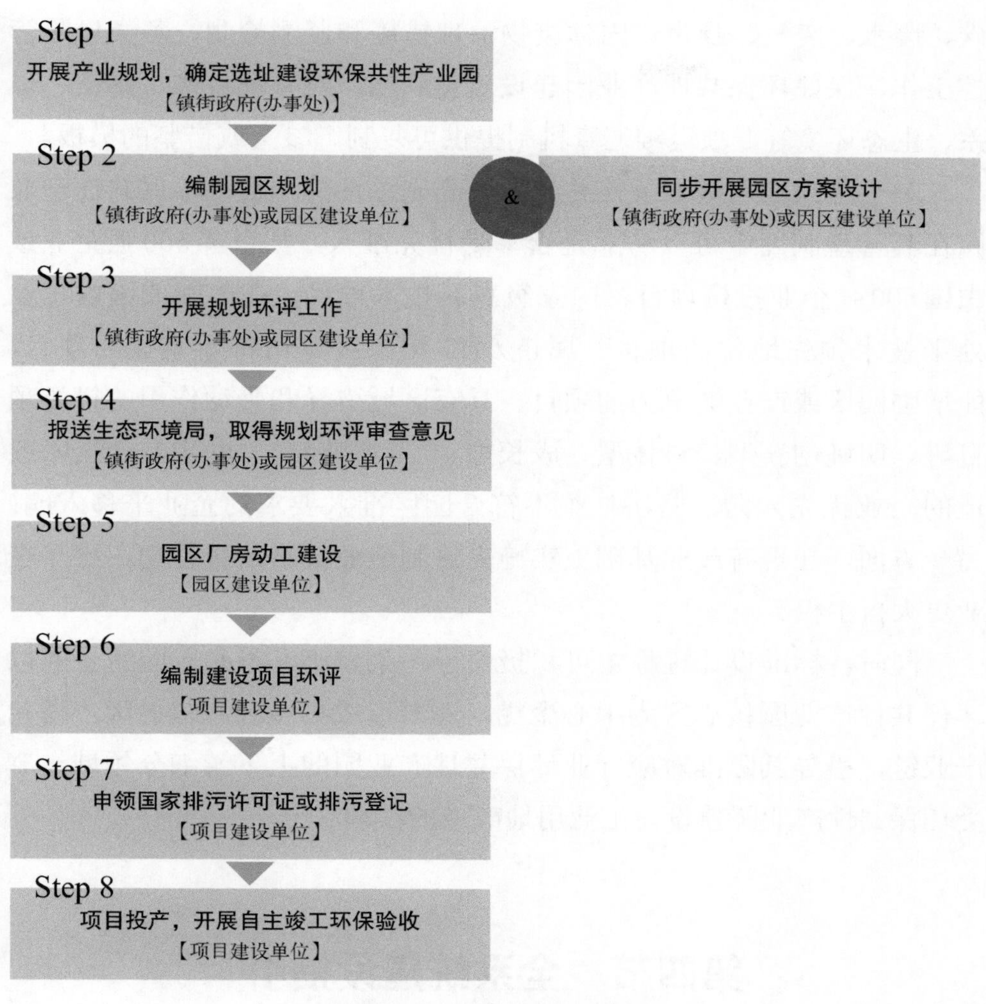

图 5-1　环保共性产业园建设全生命周期

分环保共性产业园发展需求和发展速度是超出了政策预期的，需要在现有的基础上建立起一套动态、考虑到建设周期和运营中各方面的管理模式、体系，补全建设的短板。

环保共性产业园可共同设计、制定针对不同产业、类型环保共性产业园的地方标准、团体标准、企业标准，补充现有规划和管理体系对产业入驻准入规定上的不足和漏洞，形成行业共识，完善企业生产工艺流程、装备技术、机构管理、园区布局设计、清洁生产、节能降碳、废水、废气、噪声、固体废物治理措施和监测检测、各类风险管控工作，保证环保共性产业园建设质量底线。对管理台账、制度、体系、生态环境等专项运维巡查机制提供可复制、参考或借鉴的模板。

对于达到准入基本条件并具备较高先进性的项目，环保共性产业园在其管理制度中可以考虑是否享受优先准入，如世界500强企业或中国500强企业投资项目、国家级高新技术项目、在国际或国内行业处于技术领先地位的项目、属市/省/国家级专精特新企业的项目、能增强园区或产业竞争力的项目、具有区域引导和带动作用的投资项目等。明确创新型、科技型、成长型、“专精特新”、同步实施技术改造的企业优先入园，坚决杜绝不符合园区准入要求的企业平移入园；另一方面，在现有产业基础上实施先进制造业集群培育行动，给予企业更大自主权。

同时，标准设计过程中可积极引导污染较小，不必入园的企业以环保共性产业园核心区为中心聚拢，逐渐形成拓展区和辐射区，搭建产业链。引导其瞄准对应行业环保共性产业园的上下游细分领域，享受环保共性产业园建设与工业用地改造的红利。

第四节　全系统建设指引

一、生产基础设施建设参考

遵循“一次规划、分步实施、资源优化、合理配置”原则，场地建设应体现共享、平衡、集成的理念，坚持“先地下后地上”的思路，统筹厂房建设、电力、给排水、通信、供气、暖通空调、道路、消防、污染物输送、一般固体废物及危险废物贮存点、危险化学品仓库等基础设施和公共配套设施，并与城市基础设施相衔接。鼓励统一建设原辅料供应中心。

（一）厂房设计布局参考

厂房建筑层数不应低于4层，建筑首层高度不应小于6m。整栋厂房建筑高度应符合项目当地规划设计条件的建筑限高，每层生产厂房建筑面积不应小于2000m²。按层分割的厂房，每个基本生产车间建筑面积不应小于500m²。新建建筑楼面活荷载设计标准值应不低于10kN/m²且须满足入驻产业（含环保治理）承重要求。

环保共性产业园车间布设推荐方式如图5-2所示。

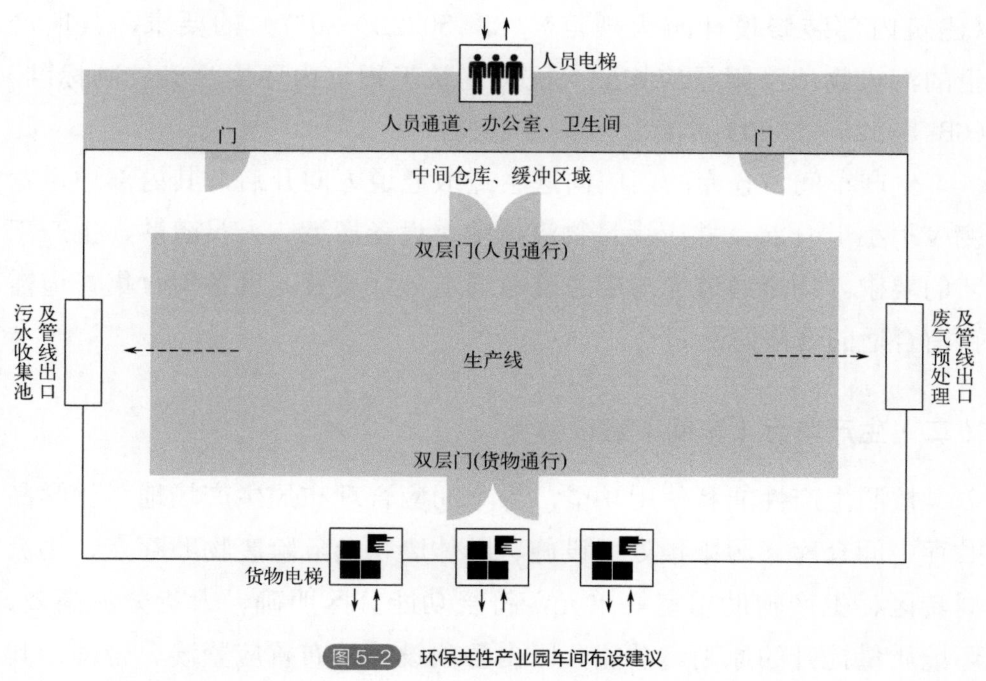

图5-2　环保共性产业园车间布设建议

新建厂房电梯、楼梯、卫生间、设备房、检查井、污染预处理设施等交通和辅助用室应靠外墙集中分布，同时在平面预留竖向通风管井、室外空调机位、外露管线收口等建筑功能构造，并应设计设置设备吊装口。主电缆井应设置在厂房长侧两端避开防爆中心区域15m以上。

每栋厂房宜于首层设置统一物流周转与装卸货平台，若将装卸货平台布置在半地下或地下一层，其结构柱网和层高应满足大型货车通行需求。每层生产厂房应设不少于1个设备吊装口，吊装口宽度不宜小于4m，高度不宜小于3.5m，吊装口应设置防雨、防坠落等措施，护栏防护高度及构造应符合《民用建筑设计统一标准》（GB 50352—2019）的要求。

厂房建设应符合《建筑设计防火规范》（GB 50016—2014）的要求，火灾危险性分类为乙类、丙类的厂房宜按照高标准厂房要求设计和建设，并符合《广东省高标准厂房设计规范》（DBJ/T 15-235—2021）的条件。厂房室内建筑材料和装修材料燃烧性能等级应符合《建筑内部装修设计防火规范》（GB 50222—2017）的要求，其所产生的污染物浓度限量应按照《民用建筑工程室内环境污染控制标准》（GB 50325—2020）执行。

生产车间、仓库的门应向逃生疏散通道方向开启，其内部通道宽度应不小于1.2m，并应满足物流运输、设备搬运、人员疏散、生产工艺的要求。物流通道应与应急疏散通道分开设置，设备与收集管道需预留合适的维修通道。

（二）生产单元（车间）建设参考

按照生产性能和使用功能，各车间应合理布局生产场地、化学品贮存中间仓库、污染预处理设施、固体废物及危险废物贮存点、物流周转区、生产辅助用室等单元，符合功能分区明确、人货分流高效、环境质量提升的原则。功能分区内各项设施的布置应紧凑、合理，其中长方形设计有利于降低消防通道与公用通道面积，降低输送线阻力，适合输送流水线布局。

各生产工艺设备应位于室内，可尽量安装靠厂房内侧。环保、安全设施设备应齐全，并应符合以下要求：具有水、油等液体渗透的区域地面应硬化处理，并铺设匹配区域用途及地面承载力的地坪涂层。

根据产污设备、仓储周转、人员办公等关键要素，设置生产区、物流区、办公区等分区，各分区间应有明显界限。

生产区域应密闭管理，产污设备分区宜配套环保新风系统；若涉及涂装区域（含调漆、喷漆、流平、干燥等）应保持密闭，并采用微负压收集废气；涂装区域废气需设置为正压收集的，宜采用内层正压、外层微负压的双层整体密闭收集空间，微负压空间应安装压力监测装置。

（三）贮存仓库建设参考

贮存仓库尽量设置在地上，防治洪涝或暴雨灾害，不应布置在人员密集的楼层或防火分区内。若为化学品中间仓库，其地面应平整、防滑、防潮、防渗漏、易于清扫。乙类、丙类液体危险化学品贮存场所应设置漫坡等防液体流散设施。

中间仓库存放原辅材料不建议超过1个昼夜生产班次所需量。

如果仓库选用高层平房结构，可考虑智能货架或无人上下货设备，一是通道可以尽量小、操作安全预留空间小，可大大增加有效库容；二是避免人工操作，减少高风险事故的发生。若仓库层高过高将增加采光、照明、监控及电源线路布设难度及维护成本。同时货架尺寸需结合产品外形、体积进行设计，货架高度、宽度适中可提升仓储能力的同时避免出现操作安全事故，预留足够的运输空间，提升盘点、运输效率。

如果考虑一、二期式扩容式发展，可考虑多层同层高的建筑结构设计，生产区与仓储同建筑，建筑面积随需求同步增加，更便于节省前期投资。考虑到中山市现有工人交通方式以电动自行车为主，电动自行车的充电及其防火安全要考虑好，一是要靠近能源中心一侧，二是与主仓库要做防火物理分隔。非仓库用电动车辆的充电另行考虑在停车场或建筑物的外围，做临时棚室区。

生产辅助用室应避开有害物质、高温等有害因素的影响，建筑物内部构造应易于清扫，卫生设备应便于使用。

二、污染治理设施建设参考

（一）污水集中处理设施

以“雨污分流、清污分流”为原则设置排水系统，建设污水集中处理设施并安装自动在线监控装置，园区各类废水应分类收集、分质处理，达到相应排放标准后排放。个别特殊行业的入园企业达不到集中污水处理设施进水水质要求的，应进行预处理后达到集中污水处理设施进水水质要求后方可接入集中污水处理设施。应规范设置集中污水处理设施排污口，原则上一个环保共性产业园设置一个排污口。

此外，车间内水污染物车间收集设施建设应符合以下要求：

① 根据生产工艺与产污特性建设相应的车间污水收集池，按照分类分质、独立隔断、液位计量的原则设计建设，宜预留溢流式留样平台。

② 污水收集池应密封或加盖处理，池体采用性能良好的防腐防渗防漏材料，可设置集中下沉式收集废水应急池与收集池；经过预处理的废水可循环利用，提高废水循环利用率；废水收集管道设计参数可按照无压力下自由流体流向流量向下45°设计，设置单向上回阀。

废水集中收集应当实行雨污分流，在雨水、污水分流区域，任何排水单位和个人不得将污水排入雨水管网，雨水管道和污水管道不得混接。含挥发性有机物废水收集管道禁止埋地建设，对采取架空式设置的管道应设置应急收集装置。废水收集管道应与废水贮存设施直接连通，输送和贮存过程应符合密闭性要求，不应存在滴漏、渗漏等现象。

鼓励核心区建设集中式污水处理站，经集中式废水处理站处理达标的废水可循环使用。废水采取转移处理方式的应统一设置废水贮存区域，废水贮存区域应铺设防渗地坪层，因地制宜建设围堰或防泄漏收集池。围堰或防泄漏收集池的有效容积不应小于区域内一个最大贮罐（池）的容积。

废水贮存设施不应预设暗口或安装旁通阀门，并按要求安装监控和废水存储量计量设施。废水产生单位应与有相应废水处理能力的废水处理单位签订废水转移处理协议，明确废水种类、物质成分及浓度、收水频次、收水时间、转移数量等方面内容。

（二）废气收集治理设施

根据产业工艺产污特点，配套建设各类废气收集管道及废气集中治理设施；单幢厂房同类气体原则上只允许设置一个排气筒；对于使用高挥发性VOCs原料产生的废气应进行分质分类收集，并集中高效治理。

车间内大气污染物预处理设施应符合以下要求：

① 根据生产工艺与产污特性选择相适应的预处理工艺，废气的预处理设施应与产生废气的生产设备同步运转。

② 涉挥发性有机污染物工艺应设置预处理装置，采用文丘里/水旋/水幕湿法漆雾捕集、多级干式过滤除湿联合装置及干湿组合装置，并对过滤装置两端进行压差计量。粉尘通道建议预留楼板开口，采用管道连接，不宜使用砖墙结构，设置位置为建筑物长度中央位置可以有效降低收集支管长度与降低阻力，窗户与强排烟管道可设计在向阳侧、不与设备同向。

③ 洗涤塔、喷淋塔等预处理设施应采取密闭设计，并建设清晰用排水管路并明确标识走向；当废气过滤装置压差超过过滤材料标准终阻力要求时，应更换过滤材料。

集中废气治理设施应先于产生废气的生产工艺设备开启、晚于生产工艺设备停机，宜采用智能控制系统实现废气净化装置与生产设备联动控制，确保有效收集区域所产生的大气污染物。

集中废气治理设施发生故障或检修时，对应的生产工业设备应停止运行，生产工艺设备不能停止运行或不能及时停止运行的，应设置废气应急处理设施或采取其他替代措施，未经处理的废气不能直接排放。

（三）固体废物集中管理

配套建设集中式一般固体废物和危险废物贮存场所，固体废物综合利用处置率达100%。推动园区建立危险废物自动化仓储系统，实现危险废物自动化称重、打包以及贴标签等功能。产业园内危险废物年产生量10t以上的企业，需在重点环节和关键节点应用视频监控、电子标签等集成智能监控手段，实现对危险废物全过程跟踪管理。

车间内一般固体废物和危险废物贮存点的建设除应符合《一般工业固体废物贮存和填埋污染控制标准》（GB 18599—2020）、《危险废物贮存污染控制标准》（GB 18597—2023）的要求外，还应满足以下要求：

① 根据生产工艺与产污特性配套一般工业固体废物临时贮存点和危险废物贮存点。根据废物特性对贮存设施进行分区，不同分区应有明显的间隔，禁止将不相容（相互反应）的危险废物混合贮存。

② 贮存设施设计容量不小于1天产生的废物所占空间，并预留充足装卸周转空间，方便转运至核心区集中贮存场所。

③ 贮存易挥发的危险废物，贮存设施应设置废气收集净化装置。

④ 危险废物贮存设施地面应明显高于室外，地面与裙脚采用坚固、防渗的材料建造。存放装载液体、半固体危险废物容器的地方，应有耐腐蚀的硬化地面，无裂缝，配套导流沟及收集槽。

⑤ 预处理过程中产生的涂料废渣等固体废物应按照相应固体废物管理规定进行妥善处理。废溶剂、废吸附剂、沾有涂料或溶剂的棉纱、抹布等废弃物应放入密闭容器。涉挥发性有机污染物的废包装工具（废罐、废桶、废包装袋等）应密闭贮存。

（四）强化噪声污染防治

对高噪声设备分别采用减震、消声、隔声处理，并通过合理布局等措施降低噪声。

（五）环境监测能力搭建

开展环保数字化在线监控，配备专业人员开展常态化运维，实现废水、废气、危险废物、噪声排放在线监控。涉工业废水排入市政排水设施的环保共性产业园，出水监测数据应与排水主管部门共享。所有涉VOCs排放口应安装含苯、甲苯、二甲苯、非甲烷总烃等监测指标的在线监测系统并按规范与生态环境部门联网，且在四周布设不少于4个微观监测站，监测PM_{10}、$PM_{2.5}$、TVOCs。

三、物流及辅助单元建设参考

（一）载货电梯建设

单栋建筑面积大于5000m^2时，每个标准层应设置至少2台3t的载重电梯（载货电梯）；当单栋建筑面积大于30000m^2时，超过部分需按每9000m^2设置至少1台5t以上载重货梯（载货电梯）。

车间应分别设置载人电梯及载货电梯，载货电梯门洞净宽度应符合行业要求，不宜小于1.5m，净高度不宜小于2.1m。结合实际情况，多设计坡道、滑梯系统。如仓库与组装区融合，二层的仓库其卸货平台做坡道直接运输，室内平层运输，减少物流对电梯的需求。生产用电梯要做双电梯设计及其他布局，减少停产的风险，电梯保养应轮换保养，确保至少一台电梯可运行。双电梯最好并列运行，这样紧急情况时，物流也不易被打乱。不同建筑的电梯设置应尽量靠近，则在电梯保养或故障时可以借道别的电梯做应急。

生产物流电梯的层门开门一定要做成单侧开门，一定不要做对穿开门（即某层在电梯前面开门，而其他层有在电梯后开门的），在实际使用中，物流车具由于惯性容易撞上轿厢门，从而导致电梯故障高发。而单侧开门（即所用的楼层电梯都只在同一侧开门进出），电梯后侧是固定钢板，耐撞且不易导致电梯故障。电梯的层门最好内陷在建筑门洞以内，防撞效果好。无机房可不用作楼顶电梯机房，以减少建造成本。电梯可考虑做程序定制，可以大大减少电梯被撞概率：电梯到层后，自动开门，不自动关门，直到受到其他楼层呼叫或轿厢内操作才响应关门。

车间内宜靠近载货电梯设置独立货物运输送周转路线，若所在厂房首层设有统一物流周转与装卸货平台，车间内可仅留叉车作业空间。园区内停车场应尽量与货物电梯接壤，并预留足够的货车作业空间。同时若选用（自动）电动叉车则需考虑其供电中心与作业区域的距离，若供电中心设置在室外则需设有防风、防雨性能合格的遮阳平台，减少电动叉车的损耗、避免漏电风险；若供电中心设置在室内，则需要保留足够的防火距离。

（二）循环水管路设置

环保共性产业园循环水路主管末端可采取变径回流管结构，变径回流管控制阀尽量使用易调节的球阀，变径管应与主管路同底边；管路可尽量采取无焊接式，如热镀锌管卡箍式安装，延长管路使用寿命。

开式循环水的结构可采取：终端负荷—回水管—楼顶开式横流冷却水塔—水泵—进水管—终端负荷形式。水泵应与水塔或水箱紧相靠近、主管路管程尽量短，降低运行能耗。如有水箱设计应放在冷却塔同处，便于冷却塔维护时的补水操作（用冷却塔内的浮球补水，而不是水箱内补水控制）。系统有应急水箱，应单独设计为自来水补水水箱，不应放入循环系统之内，增加整体系统的总水量，以节省水系统的日常水处理维护费用。

管路的最高点应设计有排气阀，最低点应设计有排水阀。各主管的终端应设计有可拆的结构，如法兰盲板或管箍式盲板，便于管路系统维护。楼顶的水泵等设备，应安装简易棚遮风挡雨，以延长设备使用寿命。冷却塔的进出水管段应做防滴罩，防止水塔的飘水滴在管路上生锈。冷却塔、管路、阀门法兰处的各低洼处，应填埋填充物，防止积水。冷却塔风机、水泵的控制柜应设置在就近，便于日常控制、节省一次供电电缆。另在需求点，设置远程控制箱进行数据观察和远程启停控制。

综上，各典型行业环保共性产业园建设指引如表5-4所列。

表5-4　典型行业环保共性产业园建设指引

行业类别	表面处理行业	家具制造行业	印染行业
厂房形状设计	长方形设计有利于降低消防通道与公用通道面积，降低输送线阻力	长方形设计有利于自动喷涂线的摆设及降低输送线的阻力，手动喷涂以正方形设计可简化工件运输过程	定型、印花工序因设备大小要求长方形厂房，漂染工序越集中越好
荷载	1000kg/m^2	1000kg/m^2	1000 ～ 1500kg/m^2
楼层净空高度	5.4m	5 ～ 6m	5 ～ 6m
梁柱跨度	10m 以上	12m 以上	10m 以上
有机废气传输通道	在厂房内置或预留楼板处开口	在预留楼板处开口通向楼顶	在厂房内置或预留楼板处开口
粉尘通道	建议预留楼板开口处，金属管道连接不宜使用砖墙结构	建议预留楼板开口处，金属管道连接不宜使用砖墙结构	印染行业一般不涉及粉尘
废水收集池	厂房内设置集中下沉式收集废水应急池与收集池	在水帘柜处进行接管通向厂房外的集中废水收集池	厂房内设置集中下沉式收集废水应急池与收集池
管道位置布设	废气与废水收集通道建议设置位置为建筑物长度中央位置，可以有效降低收集支管长度与阻力	废气与废水收集通道建议设置位置为喷涂工艺一侧中央位置，可以有效降低收集支管长度与阻力	废气与废水收集通道建议设置位置为生产单元中央位置，可以有效降低收集支管长度与阻力
风速设计	废气通道截面积按照实际风量建议风速设计为10 ～ 13m/s	废气通道截面积按照实际风量建议风速设计为15 ～ 18m/s	废气通道截面积按照实际风量建议风速设计为 10 ～ 13m/s
支管连接	支管与主管连接按照向上或风向 45° 介入设计并设置止回阀	支管与主管连接按照向上或风向 45° 介入设计并设置止回阀	支管与主管连接按照向上或风向 45° 介入设计并设置止回阀

续 表

行业类别	表面处理行业	家具制造行业	印染行业
废水收集	废水收集管道设计参数建议按照无压力下自由流体流向流量向下 45° 设计，设置单向止回阀	废水收集管道设计参数建议按照无压力下自由流体流向流量向下 45° 设计，设置单向止回阀	废水收集管道设计参数建议按照无压力下自由流体流向流量向下 45° 设计，设置单向止回阀
设备维修	设备与收集管道直接预留合适的维修通道，废气通道内侧断面距离不小于 1.1m 便于维护保养	设备与收集管道直接预留合适的维修通道，废气通道内侧断面距离不小于 2m 便于维护保养	设备与收集管道直接预留合适的维修通道，废气通道内侧断面距离不小于 1.1m 便于维护保养
电梯配置	每个标准层至少设置 2 台载重 3t 以上的货梯	每个生产单元至少设置 1 台载重 2t 以上的货梯	每个标准层至少设置 2 台载重 3t 以上的货梯
厂房设备安装	应设计设置设备吊装口	应设计设置设备吊装口	应设计设置设备吊装口
电缆井防爆	主电缆井应设置在厂房长侧两端便于避开防爆中心区域 15m 以上	主电缆井应设置在厂房长侧两端便于避开防爆中心区域 15m 以上	主电缆井应设置在厂房长侧两端便于避开防爆中心区域 15m 以上

四、其他建设及管理要求

（一）环境风险防控

构建企业、园区和生态环境部门三级环境风险防控联动体系，增强园区风险防控能力，开展环境风险预警预报。园区建设单位应定期开展环境风险评估，编制完善环境应急预案并备案。园区统一配套建设突发环境事件应急设施（包括事故废水收集管网、公共事故应急池、应急物资等）；企业若自建事故应急池应与园区事故应急池互连互通。

（二）入驻企业监督

结合园区产业发展定位，在资源利用率、税收及单位用地面积产值等方面制定项目考核制度；制定完备的退出实施细则，并由所在镇街政府（办事处）颁布实施。入园项目在签订投资协议入园时，需以书面形式承诺接受园区及政府有关部门的依法监管，并承诺遵守园区考核与退出实施细则。入驻企业因自身原因，在规定的整改期限内未达到整改目标要求的，实行退出。非项目业主主观原因，受外界不可抗拒因素影响，造成项目建设或投产运营滞后的，在退出管理时本着实事求是原则，按“一事一议”方式认定。园区管理机构依据企业整改情况及相关部门意见，研究确定企业退出具体方式，并在规定时限内组织实施。确定退出的项目需要无条件的放弃项目建设过程中环境管理支撑体系提供的所有支持优惠。

（三）综合服务管理

环保共性产业园核心区应配齐园区内公共服务，保障后勤服务、商务、安全、环保、消防、劳动等功能，满足产业发展需求。现有部分工业园区未设置专业的物业管理，大多是住宅小区的物业兼顾工业园区物业管理，专业性不强，特别缺乏对安全生产、环保、工业废料等方面的管理。

信息安全是保障园区有序运行的关键，必须着重加强资产隔离、身份验证、访问控制等多种手段落实，同时要增强应急响应机制建设，提高应急处理能力和实施效率，全力确保园区内企业和个人信息安全。社会化服务可以提升安全监管效能，降低行政管理成本，建议改变目前以每家企业委托第三方服务机构即安全生产社会化服务机构模式，推行以园区或幢为单位，统一委托安全生产社会化服务机构，实行专家入园指导、协同开展安全生产管理工作；统一安全生产和消防安全管理检查，尽早消除安全风险隐患。

统一企业数字化改造和风险防控体系建设，夯实智慧监管基础，结合人防、物防、技防，可全方位提升园区安全。同步规划建设研发办公、住宿餐饮等生产生活配套设施，让小微企业留得住、发展得好。

参考文献

[1] 廖贤兵. 中粮集团“全产业链粮油食品企业”战略研究[D]. 西安：西南交通大学，2012.

[2] 朱健锋. 橄榄油企业的商业模式研究[D]. 苏州：苏州大学，2015.

[3] 柯裴蓓，周丹婷，吴玲等. 苏中地区枇杷产业融合发展模式研究——以海门天籁村生态主题庄园为例[J]. 安徽农业科学，2023，51（11）：96-98.

[4] 李人可. 粤港澳大湾区城市群产业互补性分析及协同路径创新[J]. 新经济，2019（11）：7.

[5] 周权雄. 粤港澳大湾区制造业高质量发展的对策思考[J]. 探求，2022（2）：10.

[6] 唐惠敏. 村企合作的生成逻辑、政策需求与理想类型[J]. 北京社会科学，2021（11）：12.

第六章

环保共性产业园投资建设

近年来，得益于国家及地区相关政策的支持，产业园区的发展正处于由高速增长向高质量发展阶段转型的关键时期[1]。环保共性产业园，作为基于中山市当前产业发展与生态环境治理实践经验所提出的一个新型产业园区概念，充分贯彻协同及可持续发展思维，深入挖掘产业组织关系与资源要素，在保障产业链完整度的前提下实现分区污染防治，是新时代人与自然和谐共生发展要求下的创新尝试。但在环保共性产业园思考如何实现经济与环保并存甚至互助之前，需要先将目光放在投资建设上，毕竟再优秀的上层建筑都需要夯实的物质基础，无法落地的想法永远都只能是空谈。

投资是指特定经济主体为了在未来可预见的时期内获得收益或是资金增值，在一定时期内向一定领域投放足够数额的资金或实物的货币等价物的经济行为[2]。在商言商，产业园区的投资建设核心诉求仍是逐利，无论是政府、村居、企业还是广泛投资者，最终必须产生直接或间接经济效益，才能保障产业园区正常运转。

综上，产业园区投资的参与群体、融资方式、盈利途径、建设效果的选择与考虑，将直接挂钩未来产业园区的竞争力与造血能力。

第一节　参与主体多元化

房地产市场现正处于控温与改善阶段，广泛社会资本需要物色下一支“蓝筹”，恰逢制造业当家的宏观指引到来，工业地产的重要载体——产业园区，已然成为一个香饽饽，而更高起点规划、更高标准建设、具备一定环保准入门槛的环保共性产业园则更能吸引投资者的目光。未来，参与到环保共性产业园区的主体，可以包括政府、村居、企业、房地产商、投资机构、社会团体、第三方咨询单位等。当下，随着基础设施REITs（不动产投资信托基金）试点不断推进，原有写字楼、酒店、仓库、医院、能源中心等建构项目已经无法完全满足投资者的胃口，产业园区适逢其时、对号入座，通过大面积产业空间开发，结合低效工业园区改造，中山市环保共性产业园正不断探索、倍道而进（如图6-1所示）。

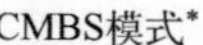

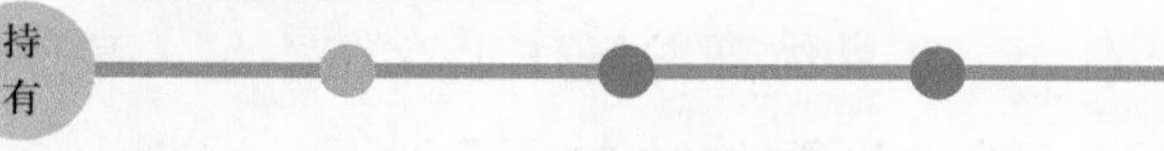

图6-1　不动产投资信托基金变现模式

一、政府描绘发展方向

中山市现正规划建设的环保共性产业园大多充分尊重市场自由意志，市镇两级政府较少直接进入资本市场，但是政府相关管理部门在谋划建设中的作用是无可替代的，他们充当着顶层设计与指引的角色，无论是从产业选择、功能分区又或是具体的污染指标核定、发放等多范畴，都将提供关键的决策支撑与优化建议。政府的参与，对于环保共性产业园而言是一颗定心丸，可从一定程度保障发展不脱轨、资源受倾斜、管理具政策、前进有方向。

以中山市黄圃镇、古镇镇规划建设的环保共性产业园为例，属地政府审时度势、深思熟虑，充分认识环保共性产业园的经济效益、生态效益以及社会效益，契合本土传统优势产业转型升级需求，分别计划打造家电产业配套及智能照明配套的先进园区，既为存量找出路又为未来觅方向，充分践行政府作为新时代发展历程中“风向标”的使命。

二、企业掌舵并提供动力

在原本产业园区的开发普遍是以政府为主，由政府全程负责开发建设、招商引资等全流程工作。然而时代在不断进步，过往各地政府的市场意识和服务意识水平不一，在具体开发操作上存在不足，政府的意志无法与企业生产发展的意识完全匹配与融合，不能无时无刻为企业设身处地地提供所需要的服务。面临这种错配的情况，企业必须盛大登场，包括国企、民企甚至外企，保证产业园区顺利落地与正常运营。

近年来，许多产业园区，尤其是中小型产业园，建设的主要力量已逐步从政府转变为企业，而且参与的企业类型也多种多样。首先是国有企业，通过雄厚的资金库与集团式的产业链条，无论从资金上还是具体实行的企业架构上，都可以为环保共性产业园的生存发展提供动力源泉。以国有企业为建设主体的环保共性产业园，在土地资源方面及后续企业入驻方面相较其他园区将有更多的话语权。

如图6-2所示，以中山康澳5G共性产业园为例，该园区围绕深圳市康佳集团股份有限公司产业资源进行规划建设，秉承康佳集团聚焦“新消费电子+半导体+新能源科技”三大主导产业和“园区+投资”两大支撑产业的理念，正是以PCB电路板行业的国有企业作为主导建设的鲜活例子。中山康澳5G共性产业园的规划建设，通过国有企业与民营企业的合作，顺势拥抱深中产业融合与深度合作，实现科技创新及产业赋能，在国有企业影响力的辐射下后续的招商引资方面也应该能比普通园区得到更好的发展前景。

图6-2 中山康澳5G共性产业园

还有部分行业龙头企业，他们会充分利用自身资源优势与产业号召力，把自己从单独的企业向四周扩建成产业园区，以此获取更大的市场份额与影响力。这些龙头企业在技术、管理、服务等方面具备着普通企业无法媲美的优势，通过开展产业园区建设服务，将专业的生产技术、管理思路、服务方式逐一转化，帮助产业链上下游共同提质增效。例如，中山市阜沙镇淋浴房产业，部分龙头企业在发展过程中会将生产过程中部分属于劳动密集型的工艺进行外发加工，把核心工艺保留并不断研发、创造。对于龙头企业来说，保留核心工艺并将技术含量较低的工艺外包，从劳动密集型向科技密集型转变是龙头企业继续创新发展的必经之路。但这个过程必然会产生高昂的运输成本、沟通成本、加工成本等，为此，如果龙头企业作为建设环保共性产业园的主体，云集自身加工服务商组成核心区，产业园内快速响应，极大压缩了沟通与运输成本，也衍生出服务于产业链上下游的增值服务。

中山市之前以企业为主体探索的“共性工厂”没有取得很大的

成效，其中主要的问题在于将生产工艺的其中一部分剥离出来，看似针对产污较为严重的工艺进行了集中管理治污，在环保层面实现了阶段性跃进，但在商业模式上却孤立了一种或某种的生产工艺，不利于产业链的构建及延展。中山市许多中小企业属于代加工模式，单独剥离出产污严重的工艺进行管理对他们也意味着自身生产过程被强行拆分得七零八落，为保障自身市场服务能力，不得不“东一下、西一下”地打游击式生产，将显而易见地提升运输成本。因此，企业作为环保共性产业园的重要投资主体及动力来源，必须谨慎处理产业链条关系，利用龙头带动或雄厚资本保障为园区“建链”“强链”“补链”“延链”“合链”等，确保入驻企业之间应相辅相成，而不是高度同质。

三、村居注入集体意志

在中山环保共性产业园的探索历程中，还有一种非常特别的多元参与模式，便是村居与企业的合作模式。村居，即环保共性产业园所在建设地址周边的环境敏感点，一般以经联社等村集体机构作代表。这种模式的好处在于能让产业园区周边的群众提前参与到项目的规划建设过程，起到预防和解决矛盾的作用。产业园区在规划建设时，主动与村居沟通项目内容、项目主旨、项目成效等，与项目周边的居民尽量达成一致的空间布局思路，在项目发展和居民生活质量保障中达到平衡。以中山绿金湾高端环保共性产业园为例，开发团队广东粤江置业投资有限公司通过与小榄镇北区股份合作经济联合社紧密合作，规划建设环保共性产业园，建成后进行产权分割，以与村居进行返租物业数年的代价作为获取土地使用权的交换。村居群体在充分了解项目收益与建设内容后，可提前权衡自身利弊，广泛提议；而开发团队在保障自身投资回报的前提下，也可以便捷、高效、低成本地获取土地资源；这种村企合作的投资搭配，一定程度上令开发商与村居同坐“一条船”，消解原有对立矛盾，解决隐藏信访危机。

四、第三方出谋划策

除了上述参与主体外，当前市面上也出现许多产业如地产商作为专业第三方对产业园区进行投资建设。他们看到当地市场对厂房等物业的需求，投身建设产业园区，根据行业企业的需求打造定制厂房，并且为企业提供一系列运营服务帮助企业成长。

目前作为专业第三方机构参与投资建设产业园区的案例，在全国较为著名的应属联东U谷产业服务平台，如图6-3所示。联东U谷属于联东集团旗下的核心企业，专注于产业服务和园区运营，目前在全国83座城市投资运营产业园区432个，引进、服务新型制造业和科技型企业超过16000家，已连续11年获得“中国产业园区运营优秀企业”和“中国产业园区运营商优秀品牌”荣誉，成为行业领军品牌。

(a) (b) (c) (d)

图6-3　专业第三方机构参与投资建设产业园区案例（联东U谷）

联东U谷除了完成产业园区基础设施建设外，还致力打造产业服务核心能力。在产业政策方面，为入驻企业解读产业政策，解决“政策下不去，企业找不着”的信息不对称问题，让政策找准企业、企业匹配政策，帮助入园企业最大程度享受惠企政策。在人才方面，通过组建线上招聘平台、园区招聘会、校企合作等方式，帮助入园企业解决人才问题。在金融服务方面，为入园企业提供高效便捷的债权融资、股权融资和金融咨询等服务，解决企业融资难、融资贵、融资慢的问题。具体的产业园区项目代表有北京蓝贝科技园、上海宝山国际企业港、苏州工业园区双创中心、成都天府国际生物城科创中心等。

一个环保共性产业园的规划、设计、投资、建设、运营、管理等多个范畴都需要各个方面的专业背景与知识，与专业第三方机构合作可以引领环保共性产业园在每一个阶段中都尽可能少走弯路、不走错路。

总的来说，对于目前中山环保共性产业园建设情况，主要的参与主体还是集中在政府与企业中。政府为环保共性产业园设立更有利于其发展的政策，实现政策扶持，同时吸引外来资本进入。企业注入资本，为环保共性产业园带来市场活力，与产业园区相互扶持，共生发展。

而地产商建设模式大多为传统厂房租赁模式，来者不拒，只满足于简单的租赁收入，与环保共性产业园概念不符。而在新型环保共性产业园模式中，未来的园区参与主体甚至还会包括生产设备商、污染设施治理商、共性原辅料供应商等。参与主体的多元化，在一定程度上改变过往各自为政的发展模式，降低政企村商各环节沟通成本，通过政策倾斜、要素共享、集中管理等方式打造园区内循环，提升整体内部向心力与核心竞争力。

第二节　融资方式专业化

自改革开放以来，中山市制造业发展从迅猛到平稳至波动，许多优势产业如家具制造、家用电器、灯饰五金被冠以“传统”二字，急需转型升级。然而，市内上述产业以中小型甚至小微型企业为主，空间布局零散，发展力量十分有限。土地及人力资源成本的上升，价格战的持续，导致这些中小微企业在生产过程艰难喘息，无法付出一定成本进行高规格污染防治与现代化生产管理；薄弱的社会影响力，又让其难以获得融资与贷款。这正好是环保共性产业园从经济侧重要的发力方向与亮点，也是园区、银行、政府在通过解决中小企业融资问题时可顺势而为、借题发挥的广阔舞台。

一、园区树立成本摊销优势

相较于普通的产业园区，环保共性产业园绝非单纯倚赖厂房租赁的物业收益，同时对入驻的企业发展充满了期待，力求稳定的产业关系。但园区及企业在发展过程中都必须面临融资问题，无论是产业园区建设或是入驻企业增资扩产，都离不开资金的支持。

为解决企业所需同时助力企业发展，环保共性产业园将与众不同地进行机制创新，引进专业融资机构进入产业园区，为园区以及企业的资金需求进行特殊定制化金融服务，在种子轮又或是天使轮融资中提供足够的资金保障以满足园企发展所需，解决资金困扰问题。

相较于入驻已建成的环保共性产业园，企业若通过自建厂房开展生产活动，那么在前期准备工作的投入是一笔不少的支出。环保共性产业园的建立，在某种程度上对于资金压力较大的企业家来说是个利好的消息，可以通过支付租金、股权抵押等方式入驻园区，免去初始建设成本、简化环保手续等流程（一般自建厂房和环保共性产业园成本分析对比如表6-1所列）。

表6-1 一般自建厂房和环保共性产业园成本分析对比

项目成本	一般自建厂房	环保共性产业园
初始建设成本	1500～2000元/m^2	3000～4000元/m^2

续 表

项目成本	一般自建厂房	环保共性产业园
建设项目规划环评成本		园区规划环评一般在 60 万～ 90 万元，公辅设施报告书一般在 60 万～ 80 万元（涉及环境质量监测、污染模拟预测）
建设项目	报告表 3 万～ 10 万元，报告书 30 万～ 50 万元	园区内企业报告表 2 万～ 3 万元，报告书 20 万～ 30 万元，可打捆编制
生产设备成本	满足生产需求即可，低成本即为最优解	按先进生产标准，追求高效及高质量生产
环保工程设备成本	10 万～ 30 万元，企业自行投入	50 万元以上，园区投入，企业共享共用
其他管理成本	每年超过 10 万元，第三方服务、员工食宿、安保等，企业自行投入	园区投入，企业共享服务区、居住区、物业管理等

以环境影响评价文件为例，环保共性产业园核心区内企业大多具备共性工艺，污染防治设施又采用共享模式，评价材料可以通过打捆方式统一外包，争取最大的咨询成本下降空间，同时有园区规划环评内容作为支撑，审批速度比起一般建设项目会明显加快，让企业可以尽快直接投入到生产中。此外，在污染防治设施的投建方面，环保共性产业园提供的是专业、稳定的集中污染防治服务，比起一般自建厂房较为“敷衍式”甚至“晒太阳”的环保工程设备，在保障高效治污效果的同时基本消解了企业建造成本，一次性投入成本是显著下降的。

二、银行提供绿色信贷服务

环保共性产业园在初期建设过程中，在政府的政策和措施支持下，从中山市的探索看，关于种子轮的融资讨论较少出现，基本由企业进行资金的筹备或实行“村企合作”的模式，对专业金融机构的融资服务需求不大。但对于后续入驻企业的发展乃至环保共性产业园的扩建，涉及天使轮的融资需求，自筹资金能力已经不容易满足时，专业的融资服务则成刚需。

市场上许多专业的金融机构已经根据企业发展所需制定多种贷款方案，如近年来较为火热的“绿色信贷”。绿色信贷指的是已符合环境检测标准、污染治理效果和生态保护等前提作为信贷审批根据的信贷活动，而绿色信贷主要涉及的产业则包括节能环保产业、清洁生产产业、清洁能源产业、生态环境产业、基础设施绿色升级、绿色服务六大产业，部分银行机构针对新增的绿色信贷投放可给予FTP（内部资金转移定价）补贴30bps[1]，即可让适用企业（如环保共性产业园入驻企业）享受到比普通企业更低利率的贷款服务。

如图6-4所示，金融机构识别企业是否符合绿色信贷的条件，一般通过确认借款主体主营范围是否涵盖绿色用途，在贷款出账时的用途合同证明资金是否投向了绿色领域以及可以通过提供相关佐证材料，如立项批复、可研报告、环评批复、运营照片、产品说明、绿色相关证书等自证。

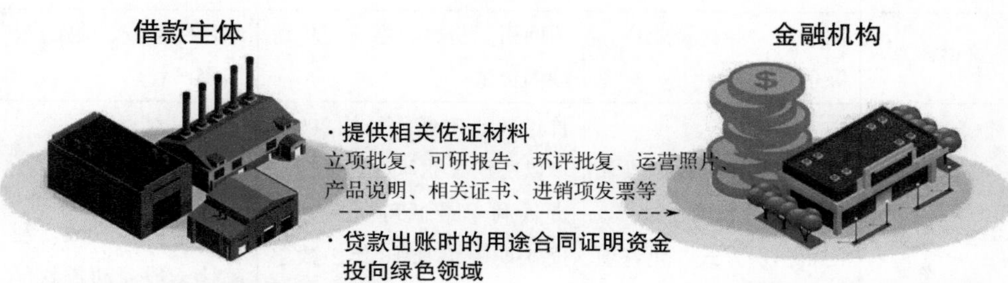

图6-4　金融机构绿色信贷条件识别机制

中山市为助推制造业可持续发展也发行了多种绿色金融债券，一

[1] bps，为基点，是利率和金融领域其他百分比的标准衡量标准，代表百分之一的百分之一，即0.01%或者0.0001。

定程度上助力环保共性产业园的建设。目前中山市生态环境局与中山市农商银行一起持续探索环保共性产业园绿色金融服务的多重方向，致力于解决环保共性产业园初期建设及后续发展的融资问题。

如表6-2所列，以中山小榄镇的绿金湾高端环保共性产业园作为绿色金融的探索试点，包括全生命周期管理实现绿色金融服务"一站式"配套以及全程碳排放管理，在环保共性产业园的建设期、招商期和运营期中助力高质量发展。

表6-2 绿金湾高端环保共性产业园绿色金融探索

探索内容	建设期	招商期	运营期
环保共性产业园建设运营内容	调研行业、规划用地、设计厂房，施工进场，分期建设落成污水、废气、固体废物处理等	按照规划逐步招商，如喷漆、喷粉、电泳、阳极氧化等，搭建信息服务中心，协助园区和企业数字化转型	进驻企业购买设备，开始投入生产，园区配套设施投入使用
融资政策	支持产业园开发建筑为主，同时满足调研行业、规划用地、设计厂房所需费用	配套设备融资支持园区装修升级或购买设备，或针对入驻企业可按配套厂房进行按揭贷款，支持企业购置生产经营所需物业	不断为进驻企业提供资金支持，补充企业日常流动资金，配套绿色经营贷和绿色转型贷
融资产品	旧改贷、经营置业贷、绿色转型贷	招商引资贷、数字贷、厂房按揭贷款	绿色经营贷、碳账户、碳资产管理
融资便利	最高可借产业园总投入的70%，最长期限15年，创新担保方式，允许项目收费权质押担保贷款	首付款比例低，最低30%，可以所购工业厂房为抵押，贷款利率最低可达3.9%，贷款期限最长10年，数字贷专享政府贴息政策，审批效率高	额度高，利率低，信用贷款最高500万元，抵押率可达100%，利率比一般流动贷款优惠10～15bps

① 在建设期，主要以支持环保共性产业园开发建筑为主，进行标准厂房的建设，同时结合中山市正处于的"工改工"攻坚战时期，支持旧厂房的拆除和新型高容积率的厂房建设。

② 到了招商期，结合信息时代，选择与普通工业园区不同的发展方向，金融机构将通过搭建信息服务中心，协助环保共性产业园和入

驻企业实现数字化转型，也为未来的碳排放管理打下基础。

③ 在运营期中，金融机构将围绕信息服务中心，收集企业数据，依据企业能源消耗情况，搭建环保共性产业园及其进驻企业的碳排放管理体系，从环保效果构建绿色金融服务新体系。通过构建碳减排效果与存贷款利率挂钩的关系，带动环保共性产业园正向发展，减污降碳效果越好，存贷款分别利率越有利于自身，享受的相关金融服务优惠力度越大。

三、政府调控产业金融杠杆

在这个过程中，政府管理部门也可通过金融杠杆来实现环保调控手段，在金融信贷领域建立环境准入门槛，从源头上切断高能耗、高污染行业的无序发展和盲目扩张，对于像环保共性产业园这种新型具有绿色可持续发展意义的产业园区，则通过优惠的融资政策鼓励建设，在促进经济发展的同时也协同解决了工业发展带来的环境问题，借力打力，以信贷管理促进产业结构调整。

环保共性产业园作为新型产业园区，对自身的定位与传统产业园区比较起来相差甚远，比起传统产业园区单纯靠租赁收入，充当“包租公”的角色，环保共性产业园更致力于与入驻企业达成“共赢”的状态，在融资方面也将追求专业化、定制化的服务，相信在未来也会成为各种产业园区的建设参考模式及发展方向。

在残酷的市场斗争当中，资金能力固然是核心竞争力的体现，对于单打独斗的中小微企业家而言，环保共性产业园所提供的是一个更低成本、更有保障、更具方向的现代化制造平台。通过扶持环保共性产业园的建设，引导企业入驻集聚发展，政府对工业企业集零为整、统一管理，再适时调整融资的方向与收缩尺度，扼住重要的“钱袋子”，让一切经济发展过程更具方向性与计划性。

第三节　盈利收益多样化

产业园区作为我国区域经济发展的重要空间载体，它主要通过提供舒适便捷的环境、完善的配套设施服务和产业资源共享，从而实现产业集聚效应，激发产业创新活力，降低企业经营成本，提高企业的竞争力。近年来，伴随着我国经济发展的转型和经济结构的调整，以产业发展为导向的产业园区发展得如火如荼，取得了重大突破和耀眼的成绩。园区的不断发展与成熟对城市产业升级、城市的开发建设提出了更高的要求。受制于产业园区开发周期漫长，投入成本巨大，受政策影响较大，在建成后是否能稳定盈利也成了各级各类园区必须面对的难题，环保共性产业园能否持续发展壮大也自然无法绕开这个考验。

目前，诸多产业园区的营业收入仍有很大一部分来自土地、物业服务等方面单一的收益，促使大量园区自身的收入和盈利能力更加脆弱，面临当今全球经济下行态势与日趋紧张的贸易战争，已导致部分园区身处亏损的状态。

环保共性产业园目前专注于实现产能效益最大化、资源利用最小化、成本配置最优化，致力于共享一切可共享的资源，去除所有不必要的成本，构建打造最高效、最优质的生产模式。当我们深入挖掘环保共性产业园的发展模式，从企业生产方面涉及的原材料配给、供应到生产设施的安装、运作以及污染物的收集与治理，再到产品质量的检测与物流运输，又或是企业端的人力资源、财务税务等，甚至是共性产业园的物业管理、安全巡查等多方面的内容，都可通过资源共享、人员共享、设施共享等方式实现成本压缩以及资源调配的最优解。

目前环保共性产业园仍处于探索阶段，在其不断优化、成熟的过程中，园区的盈利模式必然是多种多样的，可以是通过土地租赁、增值性服务、项目投资收入、经营所得利润等方面实现多模式、多渠道的价值创造。

一、土地租赁收入

产业园区是企业在地理空间上的集中而形成，环保共性产业园为企业提供厂房、配套设施等硬件支持，企业则通过对资源的使用支付租赁费用。土地租赁收入即固定资产投资收益，是目前各类型产业园区发展的最基本的收入来源，主要依靠园区的软硬件基础和配套设施建设，地理位置、政策支持等方面。土地租赁收入不仅仅是厂房场地的租赁收益，更包括所在园区的基础设施使用收益。

表6-3　普通园区基地与环保共性产业园租赁费用

项目		东莞某电镀基地	东莞某漂染基地	环保共性产业园
标准厂房	楼层	租金 /［元 /（m^2·月）］		
	一楼	59	58	40
	二楼	52	46	36
	三楼	50	45	33
	四楼	49	44	30
	五楼	48	42	28
	六楼	47	—	25
厂房配套服务	公共区域	30	30	20
	厂房楼顶	30	30	—
	污水治理	平均 70 元 /m^3	平均 10 元 /m^3	10 ～ 30 元 /m^3
	员工宿舍	600 ～ 1600 元 /(间·月)	550 ～ 1400 元 /(间·月)	450 ～ 1200 元 /(间·月)

如表6-3所列，中山市目前的厂房租金相对于粤港澳大湾区其他地市来说普遍具备价格优势，按理说应处于供不应求的卖方市场。但由于整体经济下行所导致的制造业不景气，企业普遍对市场持保守态度，不愿轻易承租厂房开展生产经营。一时之间，低价厂房出租的广

告四处可见，供需关系的短暂失衡导致厂房租赁变为买方市场，只能竞价求生。

环保共性产业园的推出，紧密呼应中山市低效工业园改造的要求，更多现代化、高标准、新规格的工业载体拔地而起，未来的厂房租售市场一定更加激烈。虽说土地租赁收入终究会是环保共性产业园的显性收益构成，但出路绝非仅此一条。将物业产权性收益控制在平均水平甚至以下，对一般工业厂房形成明显竞争力，同时可抵御部分地方开发过程免租、减租的吸引政策，再深入挖掘更多产品服务化收益，告别原有相对固化守旧的单一盈利思维。

二、增值性服务

产业园区在开发运营中要硬环境和软环境相互融合、同步建设，软环境也是当今产业园区盈利的重要来源。园区的建设发展主要围绕技术、人才、资本、市场四个要素，为入驻企业提供一系列附加值高、技术性强的创新增值性服务，通过为企业提供服务获得收入。例如，在金融服务方面，为企业进行银行贷款担保、帮助企业获得资金扶持而取得收入；或是在技术服务方面，为企业提供技术和管理的平台而取得收入。园区可根据自身的规划定位，结合入驻企业的需求特点，可为企业提供定制化服务，享受服务成果所带来的回报。

环保共性产业园的本质就是实现产能效益最大化、资源利用最小化、成本配置最优化，而在资源利用方面不仅仅指的是生产资源，还有人力资源、财务税收、资质认证等。以中山康澳5G共性产业园为例，该园区在规划建设过程已经着力搭建生产资源交易平台，在园区内建设生产资源交易场所实现“足不出园”完成原料的采购，极大减少运输成本。当然，在便捷入驻企业的同时，康澳园区可通过交易平台收取适量的手续费，保本微利之余把握各企业需求，寻找共性元素，再深化更优质服务，如直接引进共性原料供应商入驻园区或租赁专用仓库进行周转与输送。一来一往，康澳园区不仅在服务过程为企业生产赋能，还能扩充园内产业链，增加更多服务性收益，一石数鸟。

三、项目投资收入

除了依靠土地与服务进行创收，环保共性产业园还可以靠资本赚钱，也就是利用投资进行增值。环保共性产业园可以选择一些市场前景好，盈利能力强的项目或产业，通过对项目进行资金、土地使用权或者技术服务等方面的投资获得高额收入，即“房东+股东”模式，在其入园过程已经完成价值让利与股权渗透，待其发展壮大后享受利润分红。但园区在投资前一定要做好调研和评估，控制项目投资的风险，通过合理、科学地投资可获得额外的收益。这种产业投资对于园区的募资能力、投资眼光以及投资后管理能力要求很高，并不是一件轻易就能做好的事。

一个产业生态完整的环保共性产业园除了为入驻企业带来各种领域的专业服务之外，还应该利用自身“房东”的身份对产业园区所有业务数据信息进行抽丝剥茧并加以分析利用，充分挖掘需求并匹配资源，再以“股东”的身份为入驻企业带来发展空间，必要时可孵化培育种子企业，从各自为政转变为并驾齐驱，对于环保共性产业园来说，他们与入驻企业应该是“一荣俱荣一损俱损”的关系。

当然，除了入驻企业的投资外，还可以通过产业基金的方式募集更多资本，通过在其他地方复制环保共性产业园，以扩大盈利版图。

四、经营所得利润

环保共性产业园作为企业集聚发展的平台，可通过设立物业管理、开发中心、物流管理等公司，为企业提供各种管理服务与开展经营活动获得利润，或是通过集中供热、集中治污、集中蓄能、光伏发电等项目，认真核算环保账、资源账、能源账，从而获利。

集中治污的概念由来已久，在环保共性产业园内集中治污应作为一个对外主打的卖点，不需要园区内中小企业承担自身治污的工作，交由园区统一治理管理，同时集中治污将成为园区又一个新的盈利点。以废气集中治理为例，园区内针对废气普遍在楼顶天面处建设集中治理设施，各楼层通过废气管线预留口接入废气集中治理设施收集管道。园区将按照入驻企业的废气排放风量及排放浓度进行废气治理费的收取，而废气集中治理设施的运维、水电耗材费用则由园区自己承担。一套成熟的喷涂废气的治理设施（以催化燃烧法为例）造价在300万～400万元，对于废气平均排放风量为10000m^3/h的企业，废气治理费在8000～12000元/月之间，若一栋厂房的废气集中治理设施服务十家企业，则每年废气治理费收益情况为100万～150万元，除去园区对于集中治理设施的运维及水电耗材费用，初步估算该模式年化收益率为15%～20%。

废水集中治理亦是如此，由于环保共性产业园内企业类别的不同，排出污水中污染物也会存在差异，通过集中处理的专业设备单元，实现污染物的降解、过滤和去除，不需要入驻企业投入多余设备，省略了繁杂的处理环节，也为入驻企业节省了更多的建设资金。

除了集中治污以外，能源也是可以挖掘盈利的一个方向。目前许多大型企业或产业园区，尤其是占地面积较大的，都会选择在天面处安装太阳能光伏发电设施，通过能源转换发电成本与市场工业用电成本的价差，拓宽园区内企业低成本用电的渠道，同时也是产业园区可盈利的渠道（向入驻企业或城市电网出售电能）。根据不同地区日照条件、土地条件、并网登记、开发规模等因素的影响，光伏发电系统造价成本，也就是单瓦造价也会有较大的差异，但随着技术的不断突破，目前造价成本已从6～7元/W稳定降低到3～4元/W，投资成本大幅下降。

如表6-4所列，光伏发电是一种收益完全可以预期，现金流稳定的投资项目，项目收益主要取决于当地的日照辐射和所投资的屋顶结算电价，对于收益完全可预期的产品，也就意味着它的收益率是稳定的。据调查，考虑到运营费用支出及光伏板衰减情况，目前光伏发电的年化率在13%～17%。若以25年为运行周期，按照每瓦造价3.8元、500kW的规模进行估算，项目总投资约190万元，园区自用比例约为85%，考虑到运维、保险、各种税收等，最终光伏项目资本金净利润率大约为10%。

表6-4　广东省各市光伏发电成本盈利空间估算表

城市	安装角度/（°）	峰值日照时数/（h/d）	每瓦首年发电量/kW·h	每万千瓦时电成本节约估算/元
广州	20	3.16	0.91	3091.20
清远	19	3.43	0.989	2597.88
韶关	18	3.67	1.06	2610.75
河源	18	3.66	1.056	2610.07
梅州	20	3.92	1.132	2622.15
潮州	19	4	1.156	2815.64
汕头	19	4.02	1.16	2816.20
揭阳	18	3.97	1.147	2814.35
汕尾	17	3.81	1.1	2807.27
惠州	18	3.74	1.079	3023.91
东莞	17	3.52	1.017	3113.17
深圳	17	3.78	1.089	3125.52
珠海	17	4	1.153	3135.21
中山	17	3.88	1.118	3130.05
江门	17	3.76	1.084	3124.72
佛山	18	3.43	0.99	3108.08
肇庆	18	3.48	1.003	3110.56
云浮	17	3.53	1.018	2603.35
阳江	16	3.9	1.127	2811.41
茂名	16	3.84	1.108	2808.51
湛江	14	3.9	1.125	2811.11

第四节 园区建设现代化

如今，高质量发展理念贯穿城市发展各个方面，产业园区作为社会经济发展的重要载体，已成为抢占世界高技术制高点的前沿阵地，成为带动区域经济结构调整和经济增长的强大引擎。许多地方结合新时代发展要求对园区建设面貌进行积极刻画，不断优化园区建设要求，对园区规划建设、提高能级量级都有着较好的指导意义。现代化产业园区建设标准和要求日新月异、与时俱进，不断指导园区优化产业功能布局，完善公共基础设施和服务配套，健全产业园区管理服务体系，在生态环保、安全生产、智慧建设等多方面改善企业发展环境，以高起点、高标准打造高质量发展空间载体，凸显园区的试点示范和辐射带动作用。

环保共性产业园的现代化建设，对于进一步推进园区的健康发展，提升园区配套建设水准和服务管理水平，形成园企之间强大的向心力与牵引力，具有重大的意义。环保共性产业园的建设并非易事，绝非普通工业载体的“万金油”设计，而是根据园区发展规划与入驻企业的需求不断碰撞、耦合、细化的成果，是一种相互适应、相互影响、相互提升的反应过程，囊括物、事、人、信息四个层面，涵盖园区空间载体的现代化、管理规制的现代化以及发展意识的现代化。

一、空间载体的现代化，即为筑物

环保共性产业园作为新型的产业园区，具有产业集聚及生产共性的鲜明特征，在空间载体（如厂房、配套工程）的建构上要求体量更大、适配性更强，前文已有详细建设内容指引。

对于空间载体的现代化要求，一言以蔽之，必须好用。首先必然是满足国家、省、市的产业、规划、环保、建设、消防等相关法律法规与技术规范要求，立足更高质量、更高效率、更为安全、更具智慧、更可持续的发展新趋势，土地集约利用，厂房承载力强，在土建过程完成各类型管廊、井道的建设，同时保证美观与实用；公辅设施一应俱全，在项目入驻前已准备就绪；人车分流、客货分流，各类型通行需求有独立考虑与安全设计，互不干涉。

环保共性产业园所打造的空间载体，应坚持品质为先、创新升级、集约集聚融合发展方向，以打造形成高端产业集聚、基础配套齐备、服务体系健全、安全绿色持续的园区为核心目标，让企业入驻高端精装厂房，享受优质管家服务，让产业落地高质量发展。

以中山康澳5G共性产业园所打造的高标准厂房为例，该园区每层厂房层高6～7.8m，无论是车辆通行、高设备、多层货架都可以轻松安放；建设荷载1000～3000kg/m^2，大型设备可以轻松上楼；车间柱距9～11m，长度超100m，提供宽阔生产空间，为生产线合理布局奠定基础；每栋厂房配备5货梯+1客梯，保证垂直运输高效，进出货更流畅；每栋厂房之间20m超宽楼距，实现人车分流，货车进出畅通；园区内停车位充足，汽车车位超600个，摩托车、非机动车位超500个。以上建设指标均为入驻企业日后生产作业过程所精心设计与打磨，务求提供舒适、便捷的制造环境。

二、管理规制的现代化，旨在成事

环保共性产业园相较于一般产业园区，功能分区更明确、产业导向更聚焦、邻里企业之间将会有更多的牵连。所谓无规则不成方圆，通过共享经济的模式降低生产成本的过程必须捍卫公平，否则容易造成寡头与垄断，影响园区内部团结，甚至导致信任基础塌方，最终无法实现共创与共赢。环保共性产业园必须配套井井有条的管理规制，确保园区的大小事务得以妥善处置，合理调和与权衡各方利弊，寻找最优合作方向。

对于管理规制的现代化要求，既要讲民主又要可落实。民主是讲究条件与礼让的，环保共性产业园应设立园区管理机构，组成部分可以包括投资方、运营方、政府代表、村居代表、专业第三方以及入驻企业代表，形成园区联席会议机制，重点研讨园区重大决策，并明确相关落实主体。事项一经表决，应明确责任分工，并辅以全过程跟进督办机制进行质控，确保园区的集体权益得到保障。

除此之外，环保共性产业园所打造的是一个利益共同体，园区管理机构与入驻企业之间不是单纯的租赁、雇佣或劳务关系，既是价值链上并肩前行的伙伴，又宛如舞台与戏班的关系，相互依赖、相互影响。管理机构为了保障自身利益，需要合理把控与各企业之间的距离，制定并落实科学、适配的准入退出机制与日常监督考核办法，要求进入到园区的每一个个体都能顺应园区发展思路，将不符合条件企业“婉拒”于园区大门之外。

三、发展意识的现代化，成人达己

坚固的物质基础与制度保障，可以为环保共性产业园遮风挡雨，确保了园区发展过程的下限，但全区自上而下，由表及里所体现发展意识的先进程度，将极大影响这个园区未来发展的上限。

前述内容已多次提及，环保共性产业园相较于那些吃着土地与劳动力成本红利的普通工业房产不同，其所追求的是更稳定的产业关系，打造的是内部信息密切相连相通的生态模式，放大共性需求，挖掘成本压缩空间，在不违背市场经济规律的前提下注入更多低碳、绿色、减污、增效的可持续发展元素。为此，环保共性产业园站得更高，看得更远，也更难实现，更需要高瞻远瞩的发展意识。

在众多意识形态中，“成人达己”是环保共性产业园建设过程最应贯彻与体现的。所谓成人达己，一方面是说，不断完善和壮大自己的目的，是为了更好地为他人和社会服务；另一方面是说，只有不断完善和发展壮大自己，才能更好地为他人和社会服务。作为环保共性产业园的“持牌人”，只有不停换位思考，代入每一个可能与园区发生交互的角色当中，方能找到各自利益诉求的平衡点与交汇处，才能在招商引资及长效运营过程中知其所想、成功落实以及顺利运营。就如同当今大数据时代下人们对于短视频的快速沉迷，字节系便是击中了每个人的兴趣，定向引流，立即取得“懂我”的关键评价，形成了稳定、向心、依附的客户群体。

参考文献

[1] 刘清. 关于产业园区行业发展现状及运营模式转型要素的浅析[J]. 中国商论，2022（6）：3.

[2] 张赫. 我国上市公司重大报错风险影响因素研究[D]. 西安：西安科技大学，2021.

第七章

环保共性产业园招商策略

- 第一节　统筹招商策划
- 第二节　确立招商原则
- 第三节　瞄准招商目标
- 第四节　精研引链图谱
- 第五节　组建招商队伍
- 第六节　调研市场走势
- 第七节　凸显园区特色
- 第八节　创新招商模式

招商对于产业园区而言是一项难度大、战线长、影响因素众多的挑战。对于环保共性产业园招商，虽说该类型产业园区具备一定环保准入门槛，但其明确的功能分区与产业定位也导致并非所有客商均能顺利达成合作。

当前，全国经济发展方针往高质量途径渐进，部分“先富起来”的领军城市启动产业转移以储备未来提升所需的资源，这种导向性强的产能外溢能有力地带动周边地区发展。在此机遇下，全国各地产业园区的招商代表们摩拳擦掌，纷纷行动起来，到北京去、到上海去、到深圳去等，东部沿海地区发展良好的品牌企业似乎都成了争取的目标。然而，企业的搬迁转移并非儿戏，如果企业不愿意经营迁址，那么无论采取什么招商攻势往往也是徒劳，即便企业想走那也需要较长时间的思考、选择和准备[1]。

环保共性产业园招商首要体现就是厂房租售，但与商住房产租售天差地别，潜在客户所考虑的因素数不胜数，租金、区位、周边配套、物流条件、建筑物设计参数、地方准入要求、手续办理成本、政府管理要求、经济时局态势等方方面面，任一环节都可能造成前功尽弃，所以整个招商过程所讲究的是适合，而为了创造这种“姻缘”，只能不断磨炼自身的招商策略。

环保共性产业园招商策略如图7-1所示。

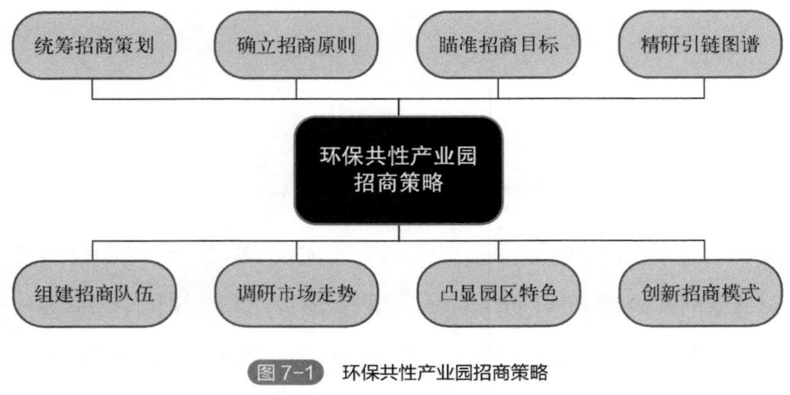

图 7-1 环保共性产业园招商策略

第一节　统筹招商策划

环保共性产业园进行招商策划的目的就是为了定向吸引投资者，引进符合自身定位的优质企业组成“共性产业链”，寻求更低成本、更高效能、更清洁、更低污染的一种集体经营模式。为此，环保共性产业园招商过程中必须找对“伙伴”、确定“特色”以及形成“合力”。

环保共性产业园开始招商前首先应树立明确的目标和要求，充分指引后续各项具体对策，否则策划只能流于形式。为保证招商策划内容能理解、能落地、能推广，应分别思考产业定位、产业集聚、园企合作、优化配套、精准推广、定期回访六大环节如何妥善落实。

一、进行科学的产业定位

环保共性产业园相较于一般产业园区，在进行自身产业定位过程中除了考虑资源禀赋、区位优势、属地产业基础等因素，还应该深入考察区域的环境容量、能源存量、发展质量。环保共性产业园的招牌是“环保”，亮点在“共性”，旨在以生态环境友好型发展模式带动经济进步与高质量转型，集中力量冲破“污染分散治理效率低”“耗能分散无法集约管理”“产业链分散欠缺规模效应”的困境，其产业定位必须建立在清楚认识自身独一无二的亮点之上，选择属地所最需要、最迫切、最合适的产业进行提升改造。

二、发挥产业集聚虹吸作用

环保共性产业园要在数以万计的产业园区中脱颖而出，不能仅仅依靠政策优惠来进行招商引资，必须同步推进核心区与拓展区的建设，围绕自身产业定位，积极邀请高端、总部型、规模大、产出高的龙头企业下榻拓展区，顺势引进龙头企业上下游供应链齐聚核心区，形成相互关联、相互支撑、相互促进的发展格局，也是产业链招商的效果体现。

当环保共性产业园完成产业集聚与价值链条构建后，自然将向外辐射强劲虹吸力，将更多活跃在产业链更上游与更下游的企业进行强势“迁移”。选对链主企业、龙头企业、明星企业，较大可能取得事半功倍的理想效益。

三、寻求多样化的园企合作

环保共性产业园倡导“共商、共建”的概念，进驻园区的企业既是客人也会成为主人，以商招商也是策划过程的妙招之一。不同的企业有不同的需求，鉴于滋生土壤、创业文化、运营需求等方面的差异，所以每个企业在寻求产业载体的过程中潜藏的决定性因素也会存在区别。园区管理方无法透知所有客户的内在需求，特别在最初的接触过程，所以最容易促成合作的对象，是客户所熟悉的人与企业。

环保共性产业园应提供一个包容的发展平台，接纳多样化的合作方式，尽最大的努力挖掘与满足各类型意向客户的需求。

四、优化产业配套服务

除了对外思考如何营造更多招商伙伴外，一个优秀的、先进的、有吸引力的环保共性产业园，必须明确“打铁还需自身硬”的道理，其服务配套应该是完善和健全的。

环保共性产业园配套服务主要包括生产性配套设施、生活性配套设施、服务配套三个方面，大体包括物业服务、污染治理服务、原辅料供应服务、废物处置服务、人力资源服务、各类检测服务、技术咨询服务等。建立越广泛、越全面、越专业的园区服务体系，可迅速响应客户要求，在同行竞争中略胜一筹，赢得关注、获得青睐。

五、做好精准推广营销

与住宅、商业地产营销不同，产业园区的目标客户群更加专业、分散。在产业园区招商的战场中，尤其是环保共性产业园并非适配于所有企业，核心区对产污类型有门槛，拓展区对产值规模有要求，只有合适方可始终。所以，对于招商资源的精准投放，直接面对有效的客户，才是确保成功的关键。

六、跟访服务实时到位

实时了解企业的最新动态，对意向性比较大的客户做到上门拜访，第一时间了解客户的问题和意愿，寻找意向企业考虑的问题并积极采取解决措施，既是园区服务的体现也是能力的保障。

综上，所谓招商策划是指依靠专业化的园区招商运作手段，广泛整合项目的合作资源优势，建链招商、以商引商，不断强化自身服务能力与水平，持续发掘并靶向跟踪潜在客户，最终达成自身所设立的发展目标。

第二节 确立招商原则

招商引资是园区持续发展的命脉所在，没有项目支撑，园区发展将丧失动力；没有项目储备，园区发展将丧失潜力。适逢全球经济下行与多变的贸易态势，国内各地尤其沿海地区招商引资工作面临严峻考验，政府能给予的优惠政策优势趋于弱化，传统的招商方法效果式微，守旧的招商思路亟待调整，招商引资新常态要求我们必须寻求新出路、新思路、新套路。在经济增长由要素驱动、投资驱动向创新驱动转换的新常态下，如何打造园区产业升级的核心竞争力，招到商、招对商、招好商是很多地方政府与产业园区面临的挑战。结合环保共性产业园的特殊性，建议招商过程遵循如图7-2所示的四条原则。

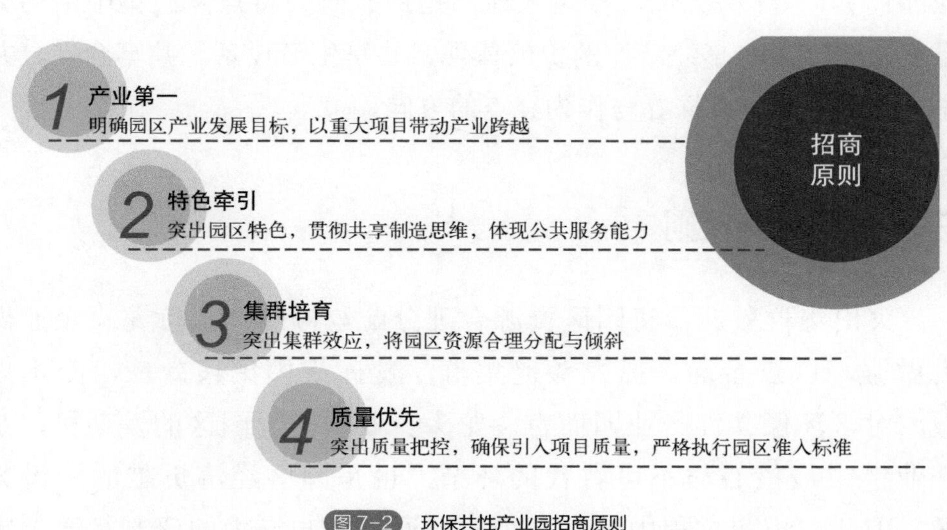

图7-2 环保共性产业园招商原则

一、产业第一原则

突出重点产业，明确园区产业发展目标，以重大项目带动产业跨越，不能服务重点产业的客商合理拒绝。对于环保共性产业园而言，重点产业的选择决定了拓展区的建设方向，铺垫了核心区的服务目标，是整个园区未来发展方向的“指南针”，由此可见该选择务必是正确的、科学的、具有生命力的。

重点产业应与地方发展战略紧密配合，优先响应传统优势产业转型升级需求或战略性新兴产业的探索需求，要么从原有基础上激发动能，要么从未来市场中挖掘先机。

二、特色牵引原则

突出园区特色，贯彻共享制造思维，体现公共服务能力，整合优质资源，凸显园区特色，为志同道合之士提供平台。对于环保共性产业园而言，“环保无忧、拎包入住”是最起码的特点，但集中治污只是其中一个“共享经济”的价值体现，共享生产设备、共享仓储、共享人员等都是可以探寻与作为亮点的方向。

三、集群培育原则

突出集群效应，将园区资源合理分配与倾斜，扶持龙头企业做大做强，以点带面，抓龙头促集群，发挥规模集聚效应，降本增效。对于环保共性产业园而言，龙头企业相当于园区的发动机，是产业链中最核心与不可替代的环节，也是园区经济贡献的关键力量，因此在招商过程中对龙头企业发展能力与潜力的研判是至关重要的。

四、质量优先原则

突出质量把控，确保引入项目质量，严格执行园区准入标准，对引入项目进行全面、客观科学的评价，优胜劣汰。对于环保共性产业园而言，在招商过程引进园区的企业不仅要让园区赢得短期收益，更要创造绿色、低碳、高效、共创共赢的可持续发展的空间，让投资获利空间远远超过风险成本，以更好地遴选合适客商。

第三节　瞄准招商目标

方向与原则锤定以后，便是招商工作响锣鸣鼓的一刻，可以开始靶向“寻人”。客户开发工作是招商实战的第一步，在竞争激烈的市场中，能否通过有效的途径获取客户的资源，往往是后续所有工作成效的基础保障，在招商过程中应该根据园区的产业定位及招商的四大原则，通过多种渠道收集客户信息，设置特定潜在客户人群，精准出击，高效招商。

一、政府渠道招商

基本上各地方政府都会有自己专职产业发展及招商引资的管理部门，例如贸促会、招商局、商务局、投促局等，环保共性产业园可以借产业项目与政府合作的优势，与所在区域的招商相关部门进行合作，实现招商资源对接，借助政府渠道进行招商。

二、招商服务机构

专业的招商服务机构，具备强大的资源整合能力和专业化服务能力，能够快速整合产业链上下游企业及相关资源，将产业链相关企业的合作效应发挥到最大。除了资源以外，专业的招商服务机构在一个项目的落地全过程必定能提供详尽的咨询服务，如对政府奖补政策的解读、对行政审批流程的提前知会与安排、对园区管理规制与亮点特色的剖析等，为产业园区做好“代言人”的角色。

三、网络平台

互联网时代已经成功席卷与改变各行各业，产业园区招商也不例外。借助互联网传播性强、即时性强、无边界的显著特性，招商信息流可快速进入成千上万人的视野。但前文已经反复强调环保共性产业园招商的群体具备一定特殊性，广撒网的招商方式不一定能快速见效，但广而告之的效果绝对能有所体现。

四、招商数据库

大数据是数字经济发展过程的重要能源，是未来各行各业快速满足自身信息需求并寻觅客户需求的高效途径。许多专业的服务机构都已经建立了庞大的招商数据库，环保共性产业园既可以自己建立这样的招商数据库，也可以与专业的服务机构合作，购买专业的大数据服务，获得精准的企业信息，再直接对接企业。

此外，常见的产业园区招商信息渠道还有行业协会、科研院所、行业专家、商会等。在充足的招商线索支撑下，招商人员主动出击，电话、邮件联系或者登门拜访客户都能起到一定效果，但也同时要求招商工作人员要学会真正有效的沟通。这里的沟通不只是简单的商业洽谈，还包含了信息与心理沟通，要在目标客户心目中持续发出并强化自家产业园的良好信号，包括园区招商硕果、服务升级内容、政府表彰等。

第四节　精研引链图谱

作为重要的招商策略，产业链招商通常围绕一个产业的龙头企业，定向招引与之配套的上下游企业、关联服务型企业，谋求产业协同发展，增强产品、企业、产业的综合竞争力。根据产业链图谱实施产业链精准招商，可以通过本地龙头企业吸引配套，也可以直接引进龙头企业带来配套，还可以采用产业基础吸引型、资源吸引型等方式进行差异化适配性引链。

环保共性产业园应基于自身主导产业基础条件和发展定位，差异化具体选择“建链”“补链”“强链”等招商策略。

一、引进龙头——“链”进新兴产业集群

“建链”就是定位的过程，即找准园区重点发展的产业链方向并做好龙头项目引进，并以之为基础进行辐射与延伸，从而建立全新的产业链条。对于初建园区以及重点进行传统优势产业转型升级园区，“建链”通常是产业链招商的第一步。从以前利用优惠政策招商转移到利用产业优势降低投资成本招商。对于这种情况，需要找准园区的产业定位，依托园区核心资源引进相关产业链中具有核心地位的企业，并以之为基础进行辐射与延伸，建立全新的产业链条。引进一个大项目，带动一大片，形成一个产业基地。

拥有一批优势长板是产业链现代化的重要标志。锻长板，就是要在更高水平的开放合作中巩固提升优势产业的竞争力和影响力，成为国内国际双循环产业链供应链体系中不可或缺的组成部分。

二、补齐短板——“链”出高质量发展新动能

“补链”则是指在园区已有一定的产业基础，并在产业链某一或某几个特定环节上具有项目优势或集群特点时，围绕现有产业链条的缺失环节，从纵向产业链的角度进行补充式招商。“补链”是对“建链”的延伸，其目的是实现产业链向上下游延伸，打造更全面稳定的产业集群。

补齐产业链供应链短板，就是要补上产业链严重受制于人的产业环节和关键领域，增强产业自主发展能力。

三、做优做强——“链”造全球链条新斧钺

“强链”就是通过寻找产业链条中缺失的高附加值环节，进一步锻造长板，让长板变得越来越长，增强产业发展主动权，打造全产业链，形成产业核心竞争力。“强链”要先进一步优化区域的产业链布局，根据区域发展特点和布局，发挥集群优势，增强产业链的根植性和竞争力。同时“强链”还要增强产业链控制力，通过培植具有“链主”地位的引领型企业、平台型企业。利用链主企业的渠道、品牌、数据、技术、系统集成等优势，构建“业务共生，生态共建，利益共享”的产业共同体，提高产业集群的根植性。

对于产业链已较完善、但价值链较低端的园区，可以通过引进高附加值企业，强化区域产业优势，优胜劣汰，进行“强链”。其重点是加强研发设计、品牌营销、金融、物流、信息等产业综合配套服务，提供产业升级的配套功能。

强企业，要支持大企业做强做优，培育一批在关键核心技术、知识产权、品牌影响力、市场占有率方面具有显著优势的龙头企业，增强全产业链整合能力，提高在全国乃至在全球产业链价值链中的话语权。

四、绘制图谱——“链”出发展格局新蓝图

引链图谱是产业链招商工作中最重要的工具。引链图谱需要对主导性、基础性和支撑性产业的细分市场行业规模、产业链结构、链上企业数据等进行研究和整理，进而辅助招商人员按图索骥，进行精准招商。

绘制引链图谱应着力梳理以下内容：a. 产业链纵向上、中、下游关系和横向配套辅助关系；b. 各细分领域龙头企业、科研机构、专利技术；c. 应重点关注的企业，以及企业概况与联系方式；d. 产业链发展的趋势与具体需求，尤其是龙头企业的发展动态与需求。

在引导特定产业转型升级方面，加快传统优势制造业由加工生产向装备制造、创意设计、品牌营销等高附加值产业环节延伸，起到了“补链”和“强链”双重效果，补充了高端环节，实现了产业链整体竞争力提升。大力推动战略性新兴产业集群式发展，突出体现了高层次的“建链”和“强链”，新建的产业链具有较强竞争力。以制造业与服务业互动发展为抓手，展现了“补链”“建链”“强链”，建设了生产性服务业链条，为制造业补充了上游高端环节，并增强了制造业链条竞争力。

归纳而言，“强链”是诸多做法的核心，“建链”“补链”在特定产业特定因素体现有所不同。促进地方产业转型升级需要因地、因时、因链在产业规划布局、资本引进调整、做强各类企业、建设创新体系、加强品牌培育、发展新兴产业、升级园区载体、促进两化融合、积累人力资源、增进政府效能等方面从容驾驭[2]。

先进案例

2008年，全球金融危机爆发，但笔记本电脑销售却逆势增长20%以上。面对这样一个商业机会，急切期盼结构调整、转型升级的重庆，将招商的目光盯准了全球笔记本电脑龙头——惠普。重庆市用低成本的优势吸引了硅谷的公司，又用惠普的龙头企业优势吸引了富士

康，邀请他们将代工厂和上下游零配件厂商来重庆落地。顺着产业链往下挖，重庆市又陆续引入广达、英业达、纬创、仁宝、和硕等代工厂，吸引了100多家零部件配套厂商，直至掌握了整个笔记本电脑制造的核心。有了这个基础，再继续创新，举一反三，进而把这一产业越做越大。

正是在惠普等龙头企业的有力带动下，重庆市电子信息产业链开放和发展不断提速、加强。重庆市通过开拓物流通道、发展本地配套、鼓励智能制造等多项措施，建成“品牌多元、制造多家、配套多类、产品多样”的个人计算机产业体系，笔记本电脑成为重庆市电子信息产业“特色产品”和外贸出口“拳头产品”。2023年上半年，“重庆造”笔记本电脑产量在全球总产量的占比提升为47.2%。截至2022年底，重庆市已连续9年成为全球最大生产规模笔记本电脑基地。

重庆市电子信息产业链招商引资的案例就是一个成功的产业链招商流程。先根据全球笔记本电脑的销售形式确定定位，吸引惠普入驻，做到“建链”；再补全零部件场的不足，引入富士康落地，实现“补链”；在补链之余吸引越来越多的零部件厂，形成产业聚集地，做到“强链”，最终实现成功的产业链招商。

第五节　组建招商队伍

招商引资是一项系统工程，政策性强，涉及面广，对专业知识水平要求很高。目前，大部分产业园区缺乏专业招商人员和招商队伍，真正既懂生产工艺、又懂经济规律、还懂法律环保各方技术的人十分稀缺。部分园区现有的招商人员对招商载体等情况虽有初步了解，但在真正招商过程中所表现出来的招商素质距离成熟的招商人员还有很大差距。例如，对相关主导产业的生产流程、工艺水平、行业发展等方面不够了解，缺乏深入研究，无法甄别潜在客商或介绍模糊。另外，对竞争对手的招商情况和招商策略等内容缺乏敏感性，也影响了招商引资的质量和效果。

对于环保共性产业园来讲，为保障招商效果，必定要注重招商人才的培养，建议从技能培训、对外引进、选调锤炼三个方面进行快速提升，同时基于共创、共赢的目标，对于同类型环保共性产业园甚至可以共享一批专业的招商队伍，从而缩短响应时间，快速上手，增高效率。

一、加强技能培训

专业化、系统化、全面化的技能培训是招商团队都必经的第一课，是后续所有招商活动的质量及格线划定。各环保共性产业园应对招商人员进行招商知识、产业知识、谈判技巧、社交礼仪等方面的培训，提高交际合作能力、亲商待人能力和沟通交流能力，特别在介绍园区的特色与亮点时能理应对答如流、如数家珍，随时满足客户显性需求、触碰客户弹性需求、引出客户隐性需求。

二、吸收专业人才

团队的本质在于人，天赋、经验、素质等方面都是招商团队选拔过程所需要衡量的重点。为有效提升自身招商团队的水平，有条件的环保共性产业园可重点瞄准引进在国际、国内有一定知名度和影响力的专业人才，实现“借脑招商”。借用如今在市场广泛流传的一句话，“贵的东西只有一个缺点，那就是贵”，很多事情都可以进行学习，但经验必须是长期以往所积累的，无法短时间之内所能替代。

三、广泛派遣实战

以中山环保共性产业园为例，各组团分别设有专业从事金属表面处理配套加工的环保共性产业园，完全可以考虑共用一批招商团队，利用资源整合、成本分担、效果共享的模式进行筹建、培养、锤炼，按照各园区建设投产的先后进度进行梯次服务，闲暇时间可输送至其他成熟园区进行学习锻炼，本着“能入能出”的原则，把紧入口，打开出口，把招商队伍打造成一支既精通专业知识又能打攻坚战的队伍。

第六节　调研市场走势

市场调研，是运用科学的方法，有目的、有计划地收集、整理、分析有关供求、资源的各种情报、信息和资料。单纯字里行间已经可以发现市场调研过程是漫长的、有技术门槛的以及结果繁杂的，这也让许多产业园区的管理者望而却步，举手投足间不知所措。市场调研的成果，是交杂的，毕竟一千个读者眼中就有一千个哈姆雷特，市场嗅觉灵敏度不同的人员对于成果的应用效果有限，甚至卡在分析和筛选的死胡同中不能自拔。

常见放弃市场调研，直接出海招商引资的原因包括：

① 嫌麻烦，产业园区的建设过程已经耗费不少费用，资金回笼的紧迫性导致园区管理者可能作出盲目出击的决策，认为只要抓住时间、付出努力，招商就一定能取得成绩，尤其听到调研还要花费一定时间人力成本，更是萌生退意。

② 缺技术，即使产业园区管理者高度重视、提早谋划，但苦于缺少正确、系统的调研方法和工具，最终调研成果无法聚焦，无法找到产业园区与潜在客商的引力法则，调研成果最终变成一叠又一叠报告、一串又一串数据，但无法变现。

③ 无人才，市场调研工作最终落脚点还是人，要靠人去跑、去问、去学、去看、去算、去总结，调研人员对于市场的灵敏度和熟悉度决定了其工作过程的质量，缺乏专业的人员配给，产业园区开展调研过程将陷于被动。

即使困难重重，但产业园区招商工作是否顺利开展，掌握主动权，往往在调研阶段便已经确定。产业园区招商为王的原则绝不是错的，但如果没有调研，招商效果则往往不甚理想，吃力不讨好；更重要的是，对长周期、慢回报的园区来说，如果不能充分认识市场、理解市场、顺应市场而盲目四处招商，只会让自身园区价值不断下降，无法实现产业定位与发展目标。为此，环保共性产业园招商前的市场调研宜早不宜迟，甚至可以在最初规划落定后并着手准备，对产业生态、企业需求、竞争对手及营商环境进行广泛调查，并以此为信息基础形成一击必杀的招商策略。

一、产业调研

从产业角度切入，深入了解产业的发展现状、面临的机遇、挑战和战略选择，才能充分掌握行业动态，把握招商机会。环保共性产业园是一个有明确发展目标和主导产业的有机载体，在诞生的时候就已经要明确围绕什么产业、服务什么行业、涵盖什么企业。因此，在产业调研的过程中必须以主导产业为中心，纵观产业链上下游生态进行认识，以SWOT模型进行解剖麻雀实验，对产业发展的优势、劣势、机遇、威胁逐一整理，并与自身园区资源禀赋、区位条件、发展方向等进行深度融合，最终找出属于环保共性产业园的核心竞争力，有效完整招商目标。

二、企业需求调研

做了宏观背景调查后，应该转入微观视角，思客户之所想，忧客户之所愁，并解客户之所惑，方能运筹帷幄，决胜千里之外。学习党中央坚持从群众中来、到群众中去的崇高精神，环保共性产业园的管理者不应背离市场、远离企业，反而要扎根市场，比企业更懂企业，满足客户显性需求、触碰客户弹性需求、引出客户隐性需求。

企业的落户与入驻，绝不是“过家家”般的行为，经营成本、区位资源、园区规模、配套服务甚至综合环境，都不会是影响决断的唯一因素。对于配套成熟、服务全面的环保共性产业园，即使入驻成本较其他园区高也会有明显吸引力；对于减租甚至免租数年的产业园，即使各种优惠扶持，但也会因为地理位置偏远、周边配套落后而无人问津。因此，在招商过程中应主动探求客户需求，并思考如何与自身园区特色结合，并加以放大，方能让人记住。

三、竞争对手调研

商场如战场，自古有云“知己知彼，百战不殆”，摸清竞争对手的情况，是市场调研过程中不可或缺的一步，也是跳出自身认知圈子，取长补短，从另一个角度提升自身招商实力的重要举措。对于竞争对手的调研，包括其招商策略、招商方法以及招商团队的了解。

招商策略方面，需要分析竞争对手主打的“卖点”与“爽点”，对其所提出的优惠与福利进行逐一分解，如果是基于同样的园区条件所能提出与承受的，可适度学习及借鉴，但不建议依葫芦画瓢或打价格战，恶性竞争只会导致市场最终以劣币淘汰良币。环保共性产业园是科学、先进、崇尚合作的载体，应该相互学习、相互促进，形成良性内卷，园区之间既可以是竞争对手又能作为合作伙伴，共同消化市场需求，方能共同创造具备更高附加值的产业高地。

招商方法方面，需要了解竞争对手所采用的“高招”与“快招”，尤其在于宣传推广过程中，契合当今数字经济、互联网技术、融媒体平台等主流渠道，如何实现爆炸传播、秒速传播以及更高要求的定向传播，值得深思。自媒体时代的到来，预示着每一个人都可以成为“明星”“主播”“商业体”，是由于每个人所累积的价值与资源通过网络手段得以迅速放大与绽放，产业园区也是同理。招商过程中，在竞争对手使用一些新方法、新技术、新思路的时候，必须吸收、包容以及转化，找到与自身园区特点适配的融合点，再予以呈现，便能快速学习并提升自身招商效能。

招商团队方面，需要认识竞争对手所培养的“先锋”与“军师”，在战场上快速辨认同行，做好信息的分类分级传输。当然，环保共性产业园之间可以基于共享经济的发展理念，携手助力培养专业招商人士，博采众长，先将客户吸引到属地，再结合需求进行二次分配，但这对招商团队的专业素养与产业园区之间的商业格局要求较高。

四、营商环境调研

前面三点都可以受环保共性产业园招商工作开展过程的主观意志所影响，但营商环境是难以被撼动、被改变、被左右的。营商环境是指市场主体在准入、生产经营、退出等过程中涉及的政务环境、市场环境、法治环境、人文环境等有关外部因素和条件的总和，以政府政策风向的变化作具象呈现。对于环保共性产业园这种带着一定使命与门槛的产业园区，其招商团队更需要吃透属地营商环境的特点，筑牢社会经济发展与生态环境保护之间的桥梁，以环境效益争取政府支持，凭经济效益带动社会进步。

第七节　凸显园区特色

环保共性产业园是先进的、独特的、旗帜鲜明的，每个园区都应该找到属于自己的园区特色，并让其大放异彩。环保共性产业园相较于其他一般的产业园区，共享制造、集中治污、节能低碳是3张具有绝对价值优势与战略前倾体现的亮丽名片，必须走进所有访客的视野。而其他可以挖掘的特色层面，可以包括园区建构特色、服务特色、管理特色、优惠特色等。

一、共享制造降本增效

共享制造，是环保共性产业园基于主导产业、服务本土行业、围绕龙头企业所推崇的降本增效生产模式，旨在优化生产资源要素配置效率，在企业入驻过程对整体生产装备水平进行协同提升。作为环保共性产业园的生产特色体现，租赁式生产作业、少固投轻资产入驻、共用闲置设备与技工等都是可以吸引眼球的宣传导向。

二、集中治污环保无忧

集中治污，是环保共性产业园以环保引领经济发展的重要推力，绿色GDP的要求早已在各地方政府中得以贯彻，当今时代发展所需要的不再是高速度，而是高质量。原有无序发展及分散式的污染排放已经让人民群众苦不堪言，环保共性产业园所带来的改变是让各类型污染物去向清晰、治理到位、排放稳定达标，令广大生产企业专注于自身的工艺优化，环境问题交由专业团队跟进处置，实现“安心生产、环保无忧”。

三、节能降碳对标未来

节能低碳，是环保共性产业园基于当前全球环境与能源形势变化所必须遵循的发展模式，通过集聚发展、集中供应、集约管理等方式，在园区内部建立稳定的物质流、能量流、信息流，定期推进园企清洁生产改造与节能改造，从节能降碳中为企业谋利益、帮园区增实力、助区域带来绿色GDP。先进、高端、可持续的发展思路可以成功吸引具备规模、有发展愿景的企业加盟入驻，是高端企业所渴望、需求甚至难以寻觅的，这也正是环保共性产业园可创造的“蓝海”市场。

第八节　创新招商模式

招商引资是各级政府推动经济发展的重要手段，在为当地注入发展资金、优化产业结构、促进人员就业、增加财政收入等方面起到至关重要的作用。然而，随着市场机制的不断健全与经济环境的变化，传统的招商引资模式已经远远不能满足新形势下的竞争要求。随着新时代的发展，不少园区招商创新模式如雨后春笋般映入公众眼帘，冲击着既有的传统园区模式，也引领着各类型产业载体优化与升级，从而配对社会高质量发展的需求，环保共性产业园也不例外。

一、园区 PPP 模式

园区PPP模式，就是政府与社会资本基于产业园区这个公共服务产品的开发运营进行高度合作，以更具活力的完全市场化的手段提升产业园区的运营效率，以平台整合的思维与路径去进行软硬件的搭建，以及产业的集聚与服务，并从园区的长期运营之中获取合理收益的模式。

这种模式的开发区通常确定一个较长的运营期限，划清政府与市场边界，严格界定好角色权益，使有能力、专业化的园区运营商、服务商成为参与产业园区市场化运营的重要力量。该模式只要政商能够签订好合作协议，严格界定好角色权益，政商双方的利益诉求捆绑在一起，趋于一致，就能够各显其能，勠力同心于项目的整个生命周期之中。对于政府进行规划、投资、建设的环保共性产业园，可以考虑采取这种方式（或EPC+O）吸引服务商入驻，形成既有政府宏观把控，又有市场化专业运作的良好态势。

二、双向对流模式

双向对流，顾名思义是指两个区域之间的商户资源双向对流互通，尤其在当前园区国际化的大潮下，这种双向对流模式越发有用武之地。中国的企业有走出去的愿望，国外的企业有走进来的想法，产业园区通过搭建平台渠道，促进中外企业双向互通的可能性，这种全新的招商模式能够达成互利共赢，已经有越来越多的园区和企业在尝试，例如青岛的欧亚产业园和中德生态园。

对于环保共性产业园，可以尝试围绕主导产业与相关具备产业基础但需外溢产能的地区进行主动对接，如中山市可围绕深圳PCB电路板产业转移的需求，将各类型对口环保共性产业园进行打包对流，政府搭台、园区牵引、企业唱戏。当前，随着深中通道竣工日期的临近，深圳中山产业往来日益密切，深中联合展会、招商会、投资促进会各式活动接踵而来，正是环保共性产业园利用双向对流模式进行招商的完美契机。

三、众创孵化模式

随着国际经济下行与贸易摩擦加剧，产业园区外部招商空间逐渐逼仄，而很多早些年在“大众创新、万众创业”风潮底下促成的企业正大量流失，经济冲击所带来的既是危险也是机会，一种新型的园区招商模式即“众创孵化+园区招商”逐渐兴起。对于环保共性产业园而言，若采用众创孵化模式必须配套相关软硬件能力。软件能力方面，要求有专业团队对孵化项目进行价值评定，有完善规制对孵化过程进行价值转化，有奖补措施对孵化企业进行资源培育；而硬件能力方面，要求园区能提供相关办公、生产场所，能为相关创业团队提供低成本共享式作业场所，包括思想作业、行为作业以及生活作业。众创孵化模式对于环保共性产业园而言，既是招商也是价值投资，是为了自身产业链不断完善、强化而进行的未来交易。

四、互联网助力模式

自21世纪初互联网飞速发展，无论是产业园区还是各行各业在发展过程都离不开互联网时代的冲击，互联网思维正迅速蔓延并取缔许多传统经营模式与发展途径。借助互联网思维，物流园区开始走向电商平台、工业园区开始提供大数据服务、科技园区更是打出智慧园的口号。在此背景下，环保共性产业园如何利用互联网的思维、方法和规律进行招商，是理应花时间、花心思进行研究的议题。

“园区互联网+”已经成为园区开发商的共识，结合园区生产管理、物业管理、安环管理、增值服务和科技创新服务等规划内容，采取信息化手段取代人工，以更高效率的信息传递助力生产、助力管理、助力园区服务质量的提升的案例已经屡见不鲜。但其实在园区运营的前置阶段——招商，也充满互联网的用武之地。

2022年3月，为了服务本土低效工业园改造的成果转化，助力中山市招商引资工作开展，“中山看地云”服务应用平台正式上线，陆续发布了超80宗共8000亩各类建设用地和98个腾挪载体，其中正式对公众推介工业用地11宗共620亩、住宅用地20宗共830亩、工改项目地块8宗共654亩、腾挪载体98个共463万平方米，其余6000余亩用地纳入“储备库”，对市镇两级政府部门内部信息共享。截至2023年1月10日，“中山看地云”累计注册访问用户超9600人，访问量超86万人次，公开推介的用地已有14宗成交。通过上述各类型数据可以直观发现互联网所带来的传播速度与推广力度是任何传统手段无法媲美的，当前中山市已规划建设的环保共性产业园也将逐步登录“中山看地云”，未来将会实现“一云看中山、共性传四海”的理想效能。

五、产业基金推进异地复制

在许多正向方式方法无法见效的时候，就需要采取逆反思维。正如环保共性产业园需要利用招商将其他企业引进来，也可以作为客商将模式推广到已经具备产业基础的地方去。作为环保共性产业园的探索者，中山市将各个规划建设的园区代表（包括政府、村居、企业）组成了一个集体——中山市环境科学学会环保共性产业园专委会。专委会的建立是为了各志同道合的有志之士共同挖掘环保共性产业园理念所能带来的更多价值体现，该专委会成员正在筹备产业基金的建立，为方法插上资本的翅膀，将园区落地于其他有市场需求的地区。

六、VR 技术的深度应用

传统的招商引资主要是通过招商展会、招商宣传视频、招商画册、新闻媒体宣传的方式进行推广，是一种单向的纯内容传递方式，无法将区域的整体规划、建设情况、投资环境、招商政策等进行直观的非现场展示，缺乏可信度，不足以产生投资向往，招商引资效率低。

VR全景招商可将区域全貌、建设现状、整体规划布局、招商政策等进行720°真实立体展示，支持手机、iPad、PC端等多终端展示，浏览者可感同身受般走在产业园区的“样板房”当中，同时注入关键数据信息，令客户更加直观地了解当地的招商引资政策和营商环境特点，提高服务效率。同时还可实现与政府网站、园区平台、微信公众号、小程序等多种网络资源的整合嵌套，融合招商宣传视频、实时语音解说、智能导图、智能电子画册等传统的招商媒介，实现全面化、智能化、数字化招商。

资料链接

南方Plus《云上看地选厂房，翠亨新区投资平台正式发布》：

2023年3月16日，由中山市政府指导、中山翠亨新区主办的深中产业投资交流会在深圳福田举行。会上，“翠亨新区投资平台”小程序正式发布。微信搜索“翠亨新区投资平台”即可进入小程序，可以看到平台首页设置了购地、厂房租买、产业定位、VR看新区、要素价格等10大功能项目。各类地块位置、用地性质、面积一目了然，可供进驻的产业平台面积、价格、产业类别清晰排列。“VR看新区”功能中，可以360°全景式观看翠亨新区的城市环境，包括翠亨大厦、深中通道、翠湖公园等标志性地点，以及横门工业区、南朗工业区等工业园区的实际情况。

翠亨新区相关负责人表示，按照传统的招商模式，以往企业要到现场看地逐个查看地块和厂房情况，耗费时间长，可选择地块少，也难以全面了解地块的情况。通过“翠亨新区投资平台”，企业足不出户，指尖一点就可以查看地块厂房的坐落、占地面积、周边配套等情况。企业根据自身实际选定心仪地块后，可与翠亨新区招商团队进行洽谈，享受全流程贴身服务。该平台不仅为企业节省了大量的时间和人力成本，也给企业带来更高效、更便捷、更优质的营商体验。

参考文献

[1] 王忠华. 谱好招商八部曲打造招商引资主阵地——关于宁河区产业园区招商引资工作的调研报告[J]. 求知，2016（11）：3.

[2] 刘厉兵. 建链、补链、强链——来自佛山市产业转型升级的调研[J]. 中国经贸导刊，2013（16）：3.

第八章

环保共性产业园运管模式

- 第一节　龙头企业集聚式
- 第二节　原料集中供应式
- 第三节　生产装备公用式
- 第四节　污染治理盈利式
- 第五节　能量物质传递式
- 第六节　人力资源分享式
- 第七节　专业服务进驻式
- 第八节　数字管理促进式
- 第九节　风险抵御联动式

如果将产业园区拟作一个鲜活的人类，那么顶层规划可以是大脑与神经组织，投资建设可以是骨髓，招商管理可以是手脚躯干，而运营模式则是心脏，是关系整个产业园区茁壮成长的纽带，更影响整个产业园区发展走向的风向标、决定整个产业园区生死存亡的关键。

环保共性产业园围绕社会、经济、环境和资源四大系统，为区域产业经济发展与环境保护之间的良性循环提供桥梁作用；立足于中山市本土制造业转型升级与绿色发展问题，积极探索共享经济、节能降碳、集中治污等绿色工业模式；全面审视企业与企业、园区与企业、园区与园区之间的关联性，以全生命周期评价方法优化要素配置，共享一切可共享资源，集中一切可集中力量，如图8-1所示，从生产、供应、管理、人资、物流、增值服务等方面创造崭新的运管模式。

图8-1　环保共性产业园创新运管模式

第一节　龙头企业集聚式

环保共性产业园与一般产业园区最大的不同在于其功能分区的特殊性与导向性，核心区虽然目的在于解决环境污染问题，但同时契合当前大部分以代加工企业为主流的工业化城市现状，为此能同步集中产业配套加工能力，为拓展区提供强有力的生产能力支撑；而拓展区就顺势利用土地集约化的空间资源红利进行供给，吸引经济效益好、品牌效应强、产品附加值高，位于产业链链主位置的龙头企业进行入驻，以充足的土地资源存量、完善的配套加工能力、无忧的生产经营环境扶持企业做大做强、扎根生长。

采取龙头企业集聚式的环保共性产业园首先应找准龙头、找对链主，围绕其需求进行功能分区、规划设计、共性工序确定等，可由政府联同企业进行规划与建设，也可以由龙头企业根据自身发展方向进行筹建。该类型环保共性产业园是否能取得预期成效与龙头企业在属地的江湖地位、影响力以及其产业是否属于蓬勃发展的朝阳行业有着极大的关系。为此，龙头企业集聚式的环保共性产业园存在着发展导向清晰、企业关系稳定、共性工序多核、园区掣肘鲜明的特色。

一、发展导向清晰

龙头企业集聚式的环保共性产业园实际就是充分利用政策支持、排污指标、本土传统制造能力对主导产业、优势行业、巨人企业进行添砖加瓦、为虎添翼。龙头企业的发展导向就是整个园区的发展导向，核心区属于龙头企业的生产基地，拓展区属于龙头企业的行政、研发、营销中心，由拓展区引领核心区进行建设，由核心区服务拓展区进行制造，定位明确。

二、企业关系稳定

凭借龙头企业的中央枢纽作用，环保共性产业园内各企业实则分布于产业链上下游，共同服务中心客户，可有效规避同质化竞争与打价格战，入驻企业之间关系稳定，尤其体现在核心区。在龙头企业入驻前，核心区内原本入驻的企业大部分为同类型加工服务企业，上下楼存在明显的业务博弈关系。龙头企业入驻后，通过其龙头企业对配套需求进行分割与分配，各入驻企业可承载较为独立的加工业务，从原有的“对手”瞬间转变为一条工艺链上的“队友”，在充盈的订单资源下企业在产业园内可安居乐业，和谐共处。

三、共性工序多核

为保障上述两项中“扶植龙头企业”与“稳定入园个体”两大效应，龙头企业集聚式环保共性产业园一般应采取多核心区模式确保自身产品可适应时代潮流随时更新、变化。以中山市家电产业为例，生产加工过程涉及塑料注塑、喷涂，金属件铸造、表面处理、涂装，电路板蚀刻、丝印等工艺，配套内容多样、行业丰富，以单一核心区设计难以承载业态需求。在工业发展日新月异的当代，原辅料乃至工艺方法不断升级改造，只有通过多核心区的模式方能保障共性工序种类可支撑龙头企业发展需求。

四、园区局限突出

龙头企业集聚式环保共性产业园难以回避的致命伤，即龙头企业（链主企业）的健康程度与发展潜势，也是其安身立命之本。适逢全球贸易环境多变与经济寒冬时期，大量企业面临规模收缩或淘汰，单纯由企业侧进行该类型环保共性产业园的规划、投资、建设、运营，将造成较大负担与压力。以中山市为例，相关龙头企业应集合属地产业基础与发展需求，联合政府部门、专业第三方机构（如金融、咨询）进行共建，全面争取工改后土地资源、污染减排后总量指标、各专业技术领域核心方法以及奖补政策、金融支持等。

先进案例

华为与东莞的结缘始于2005年。过去15年，华为公司已经在松山湖园区先后投资建设了华为机器、华为研发实验室、华为台湾科技园南部学校、华为人才房等项目。2018年华为溪流背坡村启用，大批研发人员陆续到来，为东莞市带来前所未有的关注度，现如今整个园区25000名员工办公，2万台设备运转，华为成为东莞市发展的一部分。华为的供应商们也在东莞市“生根发芽”。2016年，光大We谷建园，借与华为南方基地一路之隔的“东风”，紧紧围绕着整个华为生态去搭建服务体系。经过3年多的努力，目前光大We谷已经引进了一批诸如中航国际、软通动力、易宝等华为生态系企业。与华为溪流背坡村一路之隔的中集智谷、中以产业园均主动承接着华为供应商的到来。

如今东莞市剑指五大重点发展领域，分别为新型半导体产业、新材料产业、生命科学和生物技术产业、软件与信息技术服务和工业设计产业、上市公司和企业总部，打造具有全球影响力和竞争力的优势产业集群。这一过程中，华为以龙头企业的角色参与到东莞市的进阶之路。如上所述，它不仅自己投资东莞市，还带来它的供应商，为东莞市注入创新动力，成东莞市“腾笼换鸟”强有力的支撑。当前，东莞市松山湖坚持把新一代信息技术、生物技术、高端装备制造、新能源、新材料等战略性新兴产业作为招商引资的主攻方向，着力招大引强，推动行业企业在园区聚集。松山湖将重点围绕新一代信息技术产业“补链强链”和华为产业链开展招商，力争全年实现招商引资额220亿元，协议引资额100亿元。

第二节　原料集中供应式

环保共性产业园始于集中治污，在当今共享经济的潮流下吸收与成长，围绕生产工序所用原辅料的共性细胞进行挖掘，是在生产链源头进行节流、降耗、集约、提升的创新尝试。原料集中供应式环保共性产业园主要针对核心区进行供应链一体化设计，包括共性原料筛选、供应商进驻方式比选、购销平台建立、供应体系搭设四大环节。

一、共性原料筛选

共性原料筛选立足于核心区所抉择的产污环节，统计所有入驻企业生产所需原辅料的种类、性质、性能等核心参数，一方面遵循“薄利多销、量大从优”的逻辑，挖掘使用普遍、使用量大、使用周期频密的原辅料，如金属表面处理类项目常用的盐酸、硫酸、硝酸、烧碱，利用庞大的采购需求后续换取更低成本的采购，为入驻企业从源头上减负；另一方面，按照“物以稀为贵”的思维遴选对共性工序有决定性、不可替代性的稀有原辅料，如电路板类项目涉及的铜、锡甚至贵金属，利用紧缺型材料的独特渠道为入驻企业提供专享服务，从生产链的起点加强园区与企业之间的黏性。

二、供应商进驻方式比选

当单个企业的需求变成了整个园区的需求之后，对原辅料供应商来说则是一个又一个的增量市场。为了把握市场先机，抢占份额，团购式服务、仓库本土化、进驻加工生产等方式，在互利共赢的前提下都能被考虑甚至接纳。如表8-1所列，不同的进驻方式代表着不一样的成本与体量要求，供应商如何进驻，则是一种相互选择的过程，需要讲求科学设计与服务绑定，力求打造的是稳定的价值输送。

表8-1　原料供应商进驻方式比对

类型	优点	缺点	案例
团购式服务	（1）企业采购成本下降； （2）建立较为稳定的产业链上下游关系，向外辐射产业资源； （3）利用订单优势可对供应商提出质量要求，筛选更物美价廉的产品	（1）物流关系复杂，针对拼单后货物的分解到户需要强大的数字化管理手段； （2）响应速度一般，受制于厂家生产、仓管出货、物流运输等环节； （3）基本提供普适性产品，难以衍生针对性产品，难以促进工艺进步与技术更替	团购、集采／拼多多
仓库本土化	（1）丰富环保共性产业园核心区内部单元构成，形成多元生态链； （2）拓宽产业园区运营盈利渠道，一是对供应商进行针对性招商，二是可搭建中央供应及物流平台收取服务费用； （3）响应速度迅速，依托园区物流快速供给原料到一线生产情景，任何需求量都能一对一满足	（1）核心区内部须划定指定区域进行仓储区的设置，对危化品的集中贮存涉及风险源集聚与厂房消防等级的提升，增加一定管理成本； （2）必须配套完善物流资源与信息化管理手段，保证原料供应过程顺畅、高效； （3）市场反馈调节速度一般，衍生针对性产品从试用到量产过程较长，难以促进工艺进步与技术更替	京东本地仓
进驻加工生产	（1）拓宽环保共性产业园核心区内产业组成，带动产业链上下游行业集聚发展，增强生命力； （2）拓宽产业园区运营盈利渠道，可对供应商进行针对性招商； （3）市场反馈调节速度快，可直接按照园区内各买方需求进行生产配给与研发设计	（1）增加环保共性产业园核心区建设难度，如引入从事危化品生产的供应商需要产业园具备相关资质条件； （2）产业体量要求较高，对存在强大发展潜势与旺盛供应需求的环保共性产业园才较容易吸引优质原料供应商落户生产	江门市崖门新财富环保电镀基地

对供应商的遴选以及园区进驻方式的比选是环保共性产业园园区管理方的有效发力点，既可以服务招商又可以支撑后续运营，一石二鸟。

三、购销平台建立

阿里巴巴、淘宝、京东、拼多多等互联网巨头的成功，昭示着数字化能力可以为社会生活所带来的巨大改变。建立环保共性产业园购销平台，实际在借互联网的翅膀给园区提供腾飞的动力，凭大数据的力量为园区实现信息的极速交换。购销平台可以参照一般电商平台的设计理念，首先以产业园区的身份与供应链进行对话，以集团式的谈判获取更大成本下降空间或创造吸纳入驻条件，再沿用“B2B”模式，开发集供需信息发布、浏览、匹配、交易、结算、物流、售后服务等功能于一体的智慧应用。

购销平台首先要促成的是交易，再次是建立起商品指数监测、采购成本分析、产业链商品的质量检验和监督、商家诚信认证等关键机制。相较于市面上相对成熟的工业电商平台而言，环保共性产业园所打造的购销平台是基于对园区产业导向、共性工序、共性原辅料等内容进行深度剖析之后的产物，由产业园区进行区分、鉴别、比选，其针对性、专业性、匹配度更强，能有效免去买方烦琐的筛选过程，追求稳定与专注的供应关系。

四、供应体系搭设

原料集中供应式环保共性产业园必须建立管理到位、任务清晰、实时追踪的供应体系，可以是中央集成式的物流服务，也可以是“支管到户”式的管理输送，具体应视所供应的原料性质而定。

以核心区从事专业金属表面处理加工服务的环保共性产业园为例，主要共性原辅料包括药剂类（酸、碱、除油剂、表调剂、磷化剂等，涉危化品，一般以桶装、罐装居多，必须在生产线中稀释使用）、涂料类（树脂、色浆、稀释剂、固化剂等，涉挥发性有机化合物，一般必须进行调配与勾兑）以及能源类（水、蒸汽、天然气等）。

对药剂类原料应配套专用运输工具、设计专用运输路线、配备专业人员，重点在运输过程中防范风险事故的发生；该类型专业运输服务可由园区从事与提供，同时在大部分供应需求集中掌握在园区手中时，园区可根据轻重缓急情况进行统筹安排，尤其是在于优化公共区域物流设施（叉车、货车、电梯、通道等）的使用效能。

对涂料类与能源类原料可以考虑建设集中供应站，需结合供应商的生产能力与园区公共配套设施的建设情况，对具备条件的核心区提供“集中生产、集中调配、中央供料、管道输送、分表计量、先用后付”的一站式靶向供应服务，既可兼顾各入驻企业生产过程对共性原料在部分参数需求上的特异性，又可以保障供应过程的安全性与及时性。

第三节　生产装备公用式

制造业的发展经过了数次工业革命的洗礼，从工人时代到机器时代再到当今的数字时代，生产装备的更新换代为产能的翻倍跃升提供可能，但高昂的机台费用让广大中小型加工企业望而却步。环保共性产业园的重要目标是解决属地传统优势产业的转型升级问题，其建设过程必定涉及企业的搬迁与重建。面临高昂的生产设备固定投资与烦琐的拆除—迁移—安装—调试过程，企业家会丧失入园发展的耐心与信心，即使强行入驻也可能会沿用原有落后生产设施或购置二手设备，不利于产业园高水平发展。

为解决上述问题，环保共性产业园的典型做法是通过将同一产业或同一地区企业生产加工或设计等的某一个或某几个特定产污环节聚集，产污环节即特定的工艺流程是该类型产业园区设计与建设的基础，也是其核心区入驻企业的经营内容，如何实现生产效率最大化、资源配置最优化、生产成本最小化是所有企业及园区需要群策群力解决的问题。

生产装备公用正是解决思路之一，以下简要提出几种实现途径。

一、设备商入驻共建

环保共性产业园是一个足够开放、兼容性足够强的发展平台，除了园区与入驻企业两种身份以外，任何处于产业链上下游的团队都能够以不同形式入驻，生根发芽。对入驻企业需求集中度高、购置成本高、运行维护要求高的“三高”型生产设备，可以邀请专业设备商进行联合共建，探索由园区、设备商、企业三方组成的战略伙伴关系，由园区提供场地，设备商提供技术与设备，企业提供订单。费用收取则有以下两种形式：一是企业免投入使用，由园区联合设备商负责建设，按照工时或产量综合收取费用后分成；二是企业低投入使用，由园区、设备商、企业三方共同承担设备建设成本，再根据生产经营情况按照分别投资比例进行分红。

二、联合对外营销

基于市场选择的不确定性与灵活性，环保共性产业园应充分发挥入驻企业之间的合作潜力，做好信息交换的桥梁作用，通过园区侧进行市场需求的审视、转化、分解、落户。引导产业园区内各入驻企业从事自身擅长与可承担的生产环节，要求生产装备达到一定先进水平并可远程获取生产状态，另外可结合产业链完整度的要求进行差异化靶向招商，规避同质化竞争。形成集聚后，一是可以让各企业在客户提出自身无法实现的加工需求时，在产业园区内进行转化与承接；二是可以让园区联合对外提供各式各样专业的组合式配套服务。在此基础上，日常生产经营过程表面上仍旧是各司其职、各有所长，但在产业园区所织造的关系网中，订单获取后可按照园区内各企业的工艺能力及生产负荷进行排兵布阵，再根据实际生产贡献情况进行利润分配，通过战略合作与拓宽接单渠道，利用合作生产实现生产设备的共享共用。

三、打造共享制造模式

共享制造是一种基于共享经济的制造模式，围绕生产制造各环节，运用共享理念将分散、闲置的生产资源集聚起来，根据各企业间的生产需要进行弹性匹配、动态共享给需求方的新模式、新业态。共享制造模式的实现，离不开互联网平台的帮助。以山东省铸装工业云服务平台为例，是国内第一个细分领域的专业化网络共享平台，是连接铸造零部件和装备整机企业、线上信息和线下资源的桥梁纽带，该平台设有部件定制、制造商城、项目协同、3D模型等八大板块功能，可以帮助企业在线快速完成产品采购、研发试制、配套生产、标准和技术咨询等业务，打通铸造与装备企业的对接渠道，形成“协同生产、分散使用、优化配置、制造共享、技术互通”的线上线下一体化服务体系，大幅提高产供销效率和产品质量。平台可以将部分企业的富余铸造产能或生产线（生产设备）进行“线上共享”，有需求的企业选定后即可在线实现订单生产，从而解决部分铸造企业产能过剩、设备闲置，部分企业产能不足、订单积压的问题，对推动铸装企业加快资源优化与产业升级具有重要意义。

无独有偶，环保共性产业园的建设正为共享制造模式提供一个更具条件的落地空间。大量同类型企业的集聚、本土化配套加工能力的集聚、产业链上下游的集聚，让共享制造模式在园区内不仅可以快速实现生产设备的共享，还可以让游离在园区以外的广大创客精英或拥有业务资源的渠道商进行“远程下单”，瞬间将产能外溢至周边城市乃至世界各地。

第四节　污染治理盈利式

在引导未充分、配套未完善、机制未健全的无序发展过程中，生态环境往往成为企业等为节约成本而选择牺牲的代价，这也导致了在后续逐渐强调环境保护过程中，高压规制下污染治理成为工业企业“谈虎色变”的内容，仿佛环境保护工作成为了经济发展的“减速带”。实际上，经济与环境的关系应该从消耗模式转变为盈利模式，环保共性产业园正是这个转变过程的“试金石”。

一、从污染治理中移除固投

相较于游离在外单打独斗式经营，入驻环保共性产业园有一个独一无二的优势，就是对污染物的集中收集、集中治理、集中处置。污染治理设施、污染贮存场所、污染处置路径的共享，是环保共性产业园设立的初衷，是解决广大中小微加工企业环境问题的良方。中山市环保共性产业园所面向的工艺环节，大部分同时涉及废水、废气、固体废物的产生与排放，分解到每一个生产个体而言都需要承担大气污染治理工程建设与运维、水污染治理工程建设与运维、固体废物贮存与转运等任务，涉及一定额度的固定资产投入与长期运维管理成本（涵盖设计费用、工程费、运维耗材费、人工费等直接或间接成本），同时需保障污染物有效及合规处置，这一要求具有一定技术门槛，专业性强，需要聘用专职人员负责管理。

环保共性产业园核心区将配套统一污染治理设施，要求与主体构筑物同时设计、同时施工、同时投入使用，升级版的“三同时”保障了企业入驻前园区已经具备集中治污的服务能力，高标准设计、高质量建设、高水平运维的治理设施保证污染物稳定达标排放，同时把政府监管重点聚焦于此，保障各入驻企业免受打扰，列入生态环境专项检查“白名单”，实现“环保无忧、拎包入住”。虽然在日常经营过程依然会衍生污染物的合规处置服务费用，但相较于自投、自建、自管的历史模式，大量的前期投入、繁重的合规运营负荷、专人专岗的管理压力都将被产业园区所消化，从污染治理侧显著降低企业生产成本。

二、从污染治理中节约资源

水和电力是一般工业企业生产过程中最为重要的两类资源。水资源是人类赖以生存和发展的基本条件，是自然环境和社会环境中极为重要而活跃的因素，虽然水资源属于可再生资源，但再生周期较长，无法持久支撑无序开发与无度使用。电力的发现和应用虽掀起了第二次工业化高潮，改变了人类社会的生活，但当前电力的产生大多数仍是通过使用燃料，属于碳排放的主要途径之一，因此电能的浪费亦间接将加重碳排放量。水电资源的节约，实际上除了减少个体生产者的生产经营成本外，还将对区域乃至全球的水资源循环再生、碳中和与碳达峰两项可持续发展重要任务做出贡献。

为此，环保共性产业园污染集中治理过程应审视从产污侧到治污侧各个环节的资源消耗情况，找准可节约、可循环、可回用的工艺点，通过生产设备在线重复利用、过程减风增浓设计、末端配套深度治理回用设施等省水、省电。环保共性产业园相较于独立的企业或一般的工业园区最大的不同在于，共性工序的筛选导致所有节约途径都可以提前谋划与设计，如中水回用系统将依附于污水处理中心，由园区筹建并专业化运作，企业无需承担建设及管理费用，可以通过较自来水更低的价格从园区中获得“再生水”。

三、从污染治理中返还能量

当前主流的污染治理过程实际也是能量利用过程，如废水运输过程的泵组动力来源是电能，废气收集与输送过程的风机也是消耗电能，有机废气燃烧法治理过程在浓度不足的情况下还需要注入天然气进行助燃，活性炭再生吹脱过程也是需要热空气（消耗电能或消耗燃料）。按照能量守恒定律，能量既不会凭空产生也不会凭空消失，它只会从一种形式转化为另一种形式，或者从一个物体转移到其他物体，而能量的总量保持不变。换言之，生产与污染治理过程中能量的需求必定有其转化的媒介与通道，以热能为例，可能从工件损耗到设备，从污染治理设施损耗到环境空气当中。如果能将日常生产过程中盈余的能量进行有效收集、贮存、定向利用，即可减少能量的浪费，创造可循环的节能盈利途径。

先进案例

中山市灯饰产业环保共性产业园代表（元子实业，横栏镇灯饰供应链产业园）计划通过集中式废气治理设施热值回收过程所带来的用能成本下降开拓绿色盈利增长点。该园区核心区入驻企业主要从事灯饰配件生产加工，配套酸洗、磷化、电泳、喷涂等工艺，涉及溶剂型涂料使用，生产过程产生的有机废气将收集后由产业园区设置的治理设施集中处理（催化燃烧法）。有机废气在燃烧处理过程是强放热反应，每当处理产生浓度为2000mg/m^{3}的苯系物所产生的绝热温升约为60℃，在完成治理供给需求后可回收温升预计为30℃，按照1万风量（即10000m^3/h）的治理工程计算，折合每小时可替代接近100kW·h电能的能源价值，年均成本节约超过30000元。

四、从污染治理中索取原料

除了废水的循环回用、废气的能量提取以外，对于部分具有再生价值的固体废物可通过分类分选、靶向回收、协同处理、生产副产品等方式方法进行原位资源化利用，对固体废物在合规处置过程中索取原料，响应“无废城市”建设号召以及“减量化、资源化、无害化”三大原则。

以金属表面处理类环保共性产业园为例，污泥、废液、槽渣等固体废物均混杂大量化学成分，部分涉及重金属，单纯外运处置成本高、监管严、风险大。而对于具备条件的产业园区完全可以原位配套资源化利用措施，针对一些含贵金属和稀有金属的污泥，如含金属铜、镍的污泥，可以采用湿法回收工艺进行回收，回收率可达90%以上；废酸液通常含有重金属，根据所含金属种类，可用不同的回收利用工艺，如含铬废酸可采用还原＋絮凝沉淀的方法，先将Cr^{6+}还原为低毒的Cr^{3+}，然后加入絮凝剂沉淀来回收金属铬；含铁废盐酸可以采用催化氧化剂制备聚合氯化铁[1]。此外，还可以采用电渗析、膜技术分离酸和废液，减少污水处理中心负荷，同时向企业提供二次产物作为生产原料。

第五节　能量物质传递式

传统工业经济的生产观念是最大限度地开发利用自然资源，最大限度地创造社会财富，最大限度地获取利润。在全球资源能源缺口撕裂、生产力盈余突出、供需天平日渐失衡的背景下，制造业面临着成本更高、订单更缺、利润更薄的发展瓶颈。环保共性产业园在此低谷中应主动作为，以全新可持续发展的观念营造绿色生产氛围，以利用更少资源与产生更少废物为导向，降本增效。

一、推动能量梯级利用

对于任何企业来说，节能除了响应政府号召、彰显社会责任感以外，最重要的是成本的节约，从源头中创造盈利点。企业常见所需要的能量包括电能、热能以及机械能，除市政电力供应外，部分还涉及燃料的使用。环保共性产业园作为一个共性产业集聚的有机体，可立足于广大入驻企业的用能节点与需求，设计一套基于园区内循环和自供给的梯级利用体系。如表8-2所列，不同温度下的余热利用途径所对应的园区发力点则有所区别。

表8-2　不同温度下余热利用途径与园区发力点

热温度	回收方式	利用途径	园区发力点	模式特点
高（＞500℃）	生产供热	直接返回产线预热燃料		企业自行利用更优
	蒸汽发电	余热锅炉发电	配合集中供热工程统一规划与建设，向入驻企业以低于常规渠道的价格进行供电	园区投入大，回报周期较长
中（200～500℃）	生产供热	管线供应热风	挖掘入驻企业用能需求与余热情况，建立交换平台，向供应侧低／零成本回收，向需求侧以低于常规价格进行销售	园区投入较大，回收再利用场景丰富
	吸收制冷	热交换＋氨吸收	建立集中冷库，为入驻企业及生活区等供冷	园区投入较大，回收再利用场景丰富
低（＜200℃^{G}或＜100℃^{L}）	生产供热	热泵处理后形成热水或暖气	挖掘入驻企业用能需求与余热情况，建立交换平台，向供应侧低／零成本回收，向需求侧以低于常规渠道的价格进行销售	园区投入一般，回收再利用场景较小
	园区供暖		为生活区供应热水、暖气	广东省需求相对较少

注：G代表气体；L代表液体。

以金属表面处理类环保共性产业园为例，其核心区内入驻企业在生产过程中普遍涉及烘干炉、固化炉、热水炉等设施，除了由园区实施集中供热以外，还可以通过余热回收及利用的方式，实现热能的园区内循环。余热回收利用技术现已趋向成熟，包括热交换、热工转换、热泵回收余热，视回收热量的温度可进行不同方向的利用。相对于企业自身进行余热回收利用，环保共性产业园可综合各入驻企业的用能需求、耗能情况以及余能信息，充分规划、分析后建立梯级利用体系，并在能源交易中形成绿色利润。

二、打造循环经济模式

环保共性产业园可充分贯彻循环经济理论，通过模拟自然生态系统“生产者-消费者-分解者”的传输途径改造产业系统，建立产业系统的“生态链”而形成产业共生网络，以实现园区成员之间的副产物和废物的交换、能量的梯级利用、基础设施和信息资源以及园区管理系统的共享等，从而建立园区经济效益和环境效益方面协调发展的可持续的经济系统[2]。参照生态学相关概念，产业园区应深度剖析入驻企业生产特性、污染特征、排放特点，完成“排放源”调查、“关系网”设计、“供应链”搭建以及“生态园”构筑。

（一）“排放源”调查

基于LCA（生命周期评价）方法，调研入驻企业在生产过程中的用能、用料需求，分析其污染物产生及排放情况，结合行业先进技术与清洁生产方案，寻求园区内自消化的路径，优先将多余的能量与产生的废物可用尽用。

（二）“关系网”设计

如表8-3所列，在环保共性产业园当中，无论是园区还是入驻企业，都可能成为生产者、消费者以及分解者，为此按照其不同角色定位与功能体现，可编织出成千上万、密密麻麻的内部关系网。

表8-3　环保共性产业园内部关系网缔造思路

<table>
<tr><th colspan="2">常见环保共性产业园</th><th>生产者功能</th><th>消费者功能</th><th>分解者功能</th></tr>
<tr><td rowspan="2">家具类（木质家具类为主）</td><td>园区侧</td><td>集中供热</td><td>燃烧法治理废气过程温升提供热值</td><td>余热回收、废油漆渣集中资源化利用</td></tr>
<tr><td>企业侧</td><td>—</td><td>提供盈余热能，产生木材边角料、含树脂废物</td><td>利用木材边角料制作低密度板材或生物质成型燃料</td></tr>
</table>

续　表

常见环保共性产业园		生产者功能	消费者功能	分解者功能
金属表面处理类	园区侧	集中供热、中水回用	燃烧法治理废气过程温升提供热值	余热回收、废液集中再生利用
	企业侧	—	提供盈余热能，产生含重金属废水、废液	—
塑料制品类	园区侧	集中供热、废塑料集中再生造粒	—	余热回收、废塑料集中再生利用
	企业侧	—	提供盈余热能，产生塑料边角料	废塑料改性、造粒、制作包装材料
铸造类	园区侧	集中供热、废渣重熔	—	余热回收、金属废料集中再生利用
	企业侧	—	提供盈余热能，产生金属边角料	原位回炉（未丧失原始用途部分）

注：“—”为不具备明显生态学功能。

（三）“供应链”搭建

在充分调查园区以及入驻企业的情况后，以园区为纽带，搭建企业与企业之间、企业与园区之间甚至是园区与园区之间的“供应链”，包括能量的传递与利用，以及副产品/废物的再生与利用两种途径，将企业A的“丢弃品”变成企业B的“原材料”，令企业A的“剩余能量”转化为企业B的“原始动力”。

（四）“生态园”构筑

能量流、物质流以及信息流（信息流内容将于“第八节　数字管理促进式”部分详细阐述），都将在循环经济模式下的环保共性产业园中频发与流动、交换以及相互影响，能量的定向传递以及物质的再生利用将深化园区与企业、企业与企业之间的生存关系，有助于营造互惠共生的良好氛围，同心协力闯出节能、降碳、低耗、低排的绿色发展之路。

三、引入静脉产业支撑

静脉产业是前述分解者概念的集成象征，是工业垃圾回收与资源化利用过程的强劲载体。相较于一般产业园区，环保共性产业园废弃物种类相近、资源化利用途径相似，完全可以由园区进行统一设计、统一建设、统一回收、统一资源化利用，重点工程包括污水处理站、工业固体废物处理中心、危险废物处置场所、污泥资源化利用设施等。对具备一定体量的环保共性产业园（或规划作为第三产业类环保共性产业园），甚至可以辐射其静脉产业消耗能力，为所在区域、城市提供更多种类的废物回收与处置服务，成为能力突出的“无废细胞”。

先进案例

南海瀚蓝固废处理环保产业园，坐落于广东省佛山市南海区狮山大学城旁，总面积超过300亩，于2015年基本建成。产业园包含南海区垃圾焚烧发电项目、南海区城乡一体化生活垃圾转运工程及集中控制系统项目、污泥处理项目、餐厨垃圾处理项目、飞灰处理项目、垃圾渗滤液处理系统，形成由源头到终端的完整生活固体废物处理产业链，实现南海全区生活垃圾100%无害化处理。除了持续推动园区内各项目资源共享，降低整体运营成本外，产业园还将各类固体废物综合处理形成电能、热能、生物柴油、生物质气、有机肥、骨料、环保耗材、氢气等终端产品进行二次销售。据统计，南海固废处理环保产业园2021年垃圾焚烧处理发电量达到8.0×10^{8}kW·h、生物柴油产量超4200t、餐厨垃圾沼气发电量超1.7×10^{7}kW·h，实现碳减排近7.0×10^{5}t。

第六节　人力资源分享式

据统计，近3年来珠江三角洲6个产业转出市（广州、深圳、珠海、佛山、东莞、中山）累计转出企业5983家；而深圳市在“十三五”期间已累计超过550家制造业企业进行整体迁移，该部分企业中有95.6%的企业注册资本超过千万元，一定程度上反映迁移企业多数属于大中型企业。虽然当前粤港澳大湾区制定系列产业转移战略，各地区社会经济发展中心存在宏观调控，但日益上涨的土地成本与劳动力成本也逐渐成为广大制造业企业离开广东省的重要因素。

从社会经济高速发展转向至高质量发展的今天，大部分制造业的增量市场已悄然落幕，面对存量甚至减量的市场份额，工业房地产的普遍租售价格必将下滑。但劳动力成本却牢牢与区域经济发展水平捆绑并呈正相关关系，越是发达、城镇化程度越高的地方，市民生活质量与要求就越高，平均收入水平与用工成本也随之上涨。同时，近年因互联网经济兴起所缔造的大量自由职业岗位也颇具吸引力，制造业用工贵、用工难、用工缺的问题逐渐凸显。为充分提升劳动者价值、解决普通企业人力资源闲置问题、降低雇佣成本，环保共性产业园可为入驻企业提供人力资源集中培训及供应平台，可涵盖生产线员工、财会人员、运输人员等，首先是促进企业与企业之间共享劳动力资源，减少不必要的管理成本。

一、生产线员工共享

针对共性工序由环保共性产业园进行统一对外招聘与技术培训，提供工艺说明、操作规范、实操指导等，保障技术工人对自动化、数字化、智能化生产设备的熟练使用，在实际生产过程中，可根据各入驻企业的产品需求（含产量、所需工艺、出货时间等）进行排班与指派。任何一个企业都不需要承担该类型人员的雇佣成本，仅需要按工时进行服务计费并向平台支付，产业园区则负责整个平台的建设、专业技工的培训与能力评定以及相关保障性支出。

二、财会人员共享

一般工业企业的财会人员主要负责账务整理、收支管理以及税收缴付等，鉴于信息敏感问题，大部分采用“任人唯亲”的传统制式，导致财会人员实则因特殊身份进入而非凭自身真才实学，实际岗位效能不足。环保共性产业园可重点针对核心区入驻的加工型企业提供专业财会外包服务，聘请专职出纳、会计，提供园区式服务，在充分保障商业机密前提下，除了按时按质按量完成相关账目工作外，还能提供财务状况分析、收支平衡分析、资源分配策略等专业技术支撑。

三、运输人员共享

设备购置、原料供应、产品输出均离不开物流运输的过程，而一般企业将视需求进行安排，内部周转一般以闲暇员工为主，涉及外部周转一般聘请外包人员或由供应商/服务商进行提供，管理过程较为混乱，容易导致厂房内部堆放杂乱、物流载体（如电梯）使用效率低、公共区域装卸货及运输路径无规划等情况。环保共性产业园作为园区的设计者、规划者、建设者，比任何人都更熟悉区内一分一寸，完全可以效仿居民小区物业管理公司的运作模式，配套专业运输团队，建设数字化应用体系，中央集成各入驻企业物流需求后合理分配人员、时段、通道，既减轻企业在该部分人力资源成本，又显著提升整个产业园区的周转效能。

综合上述多种人力资源共享模式，在这种共性、共享的规模达到一定基础后，甚至可实现入驻企业实际仅是具备市场订单资源的个体，通过环保共性产业园的平台完成整个业务后对外输出，利润分成，基本剥离企业在人力成本侧的负担，每个人都是生产者、劳动者、经营者，各司其职，在追逐自身价值需求的同时为园区不懈奋斗，形成共创、共赢的良好氛围，正如日本著名实业家稻盛和夫所推崇的管理机制，全区共同打造阿米巴式全员经营模式。

第七节　专业服务进驻式

传统一级产业园区核心在于开发与兜售，建设主体与后续生产经营主体仅有单向交易关系，园区企业与企业之间基本互为“陌生人”，欠缺化学反应，园企间黏性不强。伴随工业产权分割的政策放宽、大众创业氛围的持续熏陶、孵化与创投的热浪兴起、共享经济的酝酿与发展等，以运营、管理以及专业服务为卖点的二级产业园区已遍地开花。作为环保共性产业园的运营管理者，深思入驻企业的共性问题、集中需求、难点堵点，从市场与价值两个维度解剖麻雀，如图8-2所示，从园区配套、金融服务、资本运作三个层级入手，实现对入驻企业的产业集聚、培育孵化、价值挖掘。

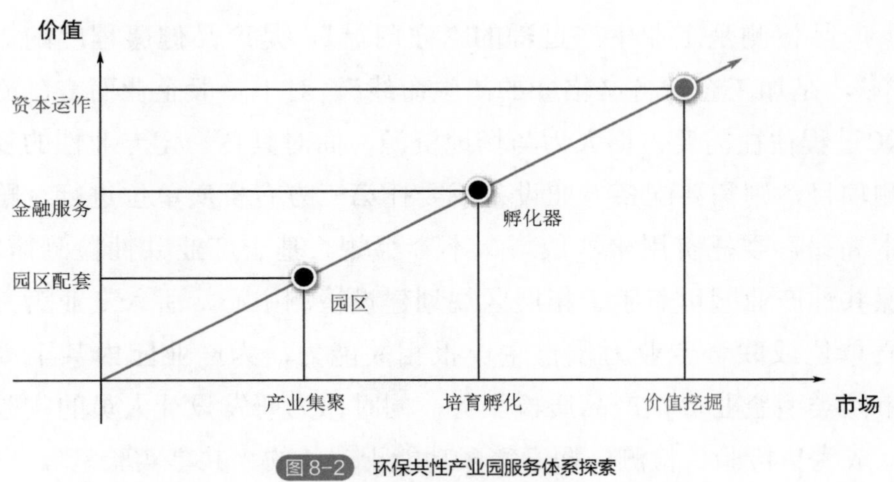

图8-2　环保共性产业园服务体系探索

一、园区配套

（一）众创空间

技术的进步、社会的发展，推动了科技创新模式的嬗变。传统的以技术发展为导向、科研人员为主体、实验室为载体的科技创新活动正转向以用户为中心、以社会实践为舞台、以共同创新和开放创新为特点的用户参与的创新2.0模式。环保共性产业园可在拓展区设立众创空间，以核心区庞大加工产业集群以及拓展区高端生产企业为服务对象，围绕园区主导产业集思广益、头脑风暴。

① 利用共性的特点，集中创新力量对专注领域进行技术攻坚，学研成果可快速投放于核心区企业进行生产试验，促进理论与实践紧密配合；

② 紧贴行业脉搏，洞察未来发展方向，构建创新孵化器，对具备市场化价值的专利技术进行培育、造血；

③ 借助科技的力量，为入驻园区企业产品提升附加值，创造更广阔的利润空间，同时通过技术研发机构共享的形式，降低研发人员、场地、设施等投入，尤其对核心区进驻的加工型企业起到降成本、增效益、强发展的正面作用。

（二）检测中心

产品检测是工业生产过程的“守门员”，是产品健康程度的“体检单”，是加工企业务必恪守的“生命线”。对于一般企业而言，简单的QC过程往往需要占据人力与场地资源，面对具备一定专业性的复杂检测项目，则需要配备专业设备或委托第三方有资质单位进行，购置成本高昂，委托费用聚沙成塔、不容小觑。基于产业共性检测需求，环保共性产业园可着手于拓展区规划建设检测中心，引入专业第三方资质单位或联合专业力量自主申报相关能力，为产业园内甚至周边地市同类型企业提供产品质检服务，同时作为研发设计人员的实验基地，成为集检验、检测、探索等多功能于一体的“共享实验室”。

先进案例

位于中山市火炬开发区健康基地的医药类产业集群，早于2016年已对“共享实验室”进行探索与初试，广东中测食品化妆品安全评价中心有限公司利用线上+线下的渠道，为300多家医药健康类企业提供仪器设备共享、技术咨询和产品研发等技术服务，如企业在新产品研发过程中全程的跟踪和新检测方法的开发。“共享实验室”的模式既减少用户对高昂检测设备的投入，又避免供应方自投设施的资源闲置，更加强了双方的联系，夯实合作基础。利用环保共性产业园的物理集聚特性与共性工序特点，“共享实验室”的模式必将更容易受到入驻企业的青睐，凸显运输距离更短、沟通成本更低、响应速度更快、检测成本更低的优势。

（三）服务平台

纵使环保共性产业园完成基础构筑物与公辅设施（污染集中治理设施、道路、车库等）的设计与建设，企业入驻过程仍是作为一个独立的建设项目，需要办理各类行政许可或备案手续，生产过程也将面临如劳资纠纷等法务难题，还要不断理解和掌握推陈出新的政策文件，事务繁杂且专业性强。环保共性产业园可主动与政府相关管理部门、行业协会、专业第三方咨询机构等采取联合共建的形式，为园区内企业提供温馨贴心的“企”群服务。

1. 粤智助

“粤智助”是提供包含公安、司法、人社、医保、民政、税务、自然资源、农业农村等30多个部门的211个服务事项异地办理窗口的智能终端，重点保障社保卡信息查询、城乡居民养老金资格认证、免费打印身份证复印件、网上看病、异地长期居住人员就医备案、农产品销售、存折查询和打印等典型服务[3]。通过产业园区与政府主动对接，由园区提供服务场地，政府安排智能终端的入驻与联网服务，普惠所有入驻人员，做到足不出园即可完成所有大部分日常行政服务需求的办理，省时、省心、省事。

2. 粤快办

基于企业设计、建设、运营等阶段，由“出生”到“死亡”的全生命周期中寻找共性需求，利用产业园区提供的平台进行资源速配，共同对接专业第三方服务机构，寻求更便捷、更高效、性价比更高的综合服务方案。以建设项目环保方面的行政许可手续而言，在环境影响评价方面推行园区编制规划环评+入驻企业编制项目环评的“1+*N*”模式，在规划环评的内容中已经对区域产业定位、准入机制、集中治污单元、总量控制指标等内容进行阐述，项目环评部分内容可直接引用规划环评结论并得以简化；同时，核心区内产品方案与生产工艺相近的企业群可采取“打捆环评”的形式，通过同一有技术能力的第三方咨询机构统一编制、统一递交、统一修改、统一获批，将原有*N*个行政许可流程合并为一，极大提升办事效能。

先进案例

江门市崖门新财富环保工业有限公司2008年在江门市成立，注册资本10亿元，是江门市电镀产业基地之一，配套污水集中治理与危险废物处置工程。江门市崖门新财富环保工业有限公司（园区自投企业）致力于为工业园区和企业提供园区环保管家、环评、清洁生产、应急预案、排污许可、环保验收、“一企一策”、场地调查、环保工程、调试运营、环境检测、固体废物检测及鉴别等服务一体化环保服务与解决方案。公司拥有一支高学历的检验检测团队，建成多个实验室，先后获得CNAS认可和CMA资质认定，可出具有公证效力的第三方检测报告，在生态环境质量检测、土壤污染状况调查、固体废物鉴别、电镀生产及产品检测等领域，受到社会各界和客户的广泛认可和信赖；已经申请“广东省优秀实验室”称号。江门市崖门新财富环保工业有限公司始于服务自身所在园区的环境管理事务，伴随着业务范畴、技术水平、专业能力的做大做强，逐渐外延触角，承接江门市其他地区环境咨询业务。从另一个角度来看，江门市崖门新财富环保工业有限公司既是园区在运营过程中为入驻企业提供的服务平台，也是利用园区的辐射能力所孵化出来的创业实体，既供血亦造血。

3. 粤懂法

无论是产业园区还是入驻企业，在日常生产经营过程中必定存在法律疑惑与司法问题，如劳资纠纷等民事矛盾。产业园区可基于入驻企业的共性法律需求进行牵线搭桥，主动联系当地品牌律师事务所、律师协会或司法部门进行入园指导与服务，建立“环保共性产业园”法律服务站，利用电话服务、线上咨询、定期坐班服务等形式，深化专业人士与需求群体的联系，让入驻企业少跑腿、多懂法，让产业园区对外品牌形象更立体、更丰富、更温馨。

先进案例

深圳福田区抢抓数据要素市场发展机遇，已积极打造全国首个与交易平台紧密互动的数据要素市场全生态、全链条产业园——数据要素全生态产业园，将“按服务供给”升级至“按场景供给”和“精准化供给”新模式，以企业需求为导向，整合法律服务资源，制定公共法律服务特色化服务清单，提供“法律咨询、法治体检、合规建设、商事调解、公证服务、司法鉴定”等N项“订单式”服务场景和服务产品，实现法律服务与企业需求的精准匹配、有效对接。

（四）生活设施

产城融合是产业园区发展的必然导向，也是环保共性产业园奋斗的最终目标。现代化的产业园区需要构建完善的生活服务供应体系，必须意识到入驻企业不仅在此生产，还需要在此生活，需要向企提供住宿、餐饮、购物、娱乐等各方面设施，同步衍生出物业管理、区域保洁、商圈经营、生活品配送等产业链条，可谓一石激起千层浪。环保共性产业园应在拓展区中划分明确的生活片区，可自身成立或引入相关开发团队，完成房地产与商业体的设计建造，让产业园区的发展更具层次感，也可以通过入驻企业强大的人流集群效应吸引外商投资，令市面上“网红店”“网红产品”争相进园，提升产业园区的吸引力与竞争力。伴随社会迅猛发展，过去脏乱差的工业园区已然成为时代的淘汰品，未来的环保共性产业园不仅聚焦生产制造，还将成为广大企业家、科研人员、劳动者安居乐业的理想港湾。

二、金融支持

（一）贷款

贷款是各市场主体赖以生存的最主要的金融手段，尤其对于位于产业链中游的代加工企业，上游原料供应商必须货到付款，下游产品销售方又受市场经营波动影响，大订单、长货期、回款慢成为中游经营者的显著痛点。为此，各企业家应积极利用金融机构的力量，通过资本的力量换取发展的时间与空间，环保共性产业园更可以代表入驻企业与银行进行谈判，利用规模集聚效应、共性经营需求以及绿色发展理念进行产品设计，既普惠入驻企业得到更对口、更便捷的资金流，又助推银行资源的流动，甚至园区方也可以成为借贷者，享受低息、贴息的支持。

当前，中山市农商银行借助其绿色金融实验室已开发出“绿色经营贷”以及“绿色转型贷”，利用额度高、中长期、灵活担保、流动利率与碳减排效果挂钩等特点吸引企业进行生产设备升级与绿色化源头改造，压缩初始成本投入。环保共性产业园正是其宽广的应用舞台，无论是入驻企业的设备投入、经营成本，还是园区方的建设费用、集中治污支出，都可以有相关的产品进行供给。同时，对于绿色生产效果越好、减污降碳贡献越突出的单位予以降低利率、贴息等奖补措施，鼓励先进，引领可持续发展。

（二）保险

保险，是分摊意外事故损失的一种计划与安排，是社会经济保障制度的重要组成部分，是社会生产和社会生活“精巧的稳定器”。人身保险、财产保险、责任保险、信用保险等都是企业经营过程所需，也是环保共性产业园可挖掘共性需求的内容。面向园区以及其入驻企业，保险类型与内容应更具针对性与专业性，如环保责任险与安全责任险。往往对于单个经营个体而言，生产过程中出现的安全事故或突发环境事件所造成的损失是难以负荷的，因此会萌生“逃逸”的想法。而在环保共性产业园中，利用“左邻右里”的共性特色，通过联合参保的形式，摊分风险、减少损失，迎来更安心、更放心、更舒心的生产环境。

先进案例

苏州工业园区在推进安责险发展方面先行先试，探索打造“保险+科技+服务”模式，推动安全生产与保险、科技深度融合，以保险构建经济杠杆、以科技嫁接场景技术、以服务助力安全管理，形成初具成效的“组合拳”。目前全区4家保险机构推出“保险+科技+服务”产品，全区120家企业、载体已参与新型保险试点，投保总额超1亿元。工业园区10家粉尘企业也通过“保险+科技+服务”模式参与应急管理部粉尘监测试点工作。区别于传统安责险“承保+理赔”模式，新模式将保费与企业本质安全水平直接挂钩。依托保险机构平台汇聚优势，一批优秀的安全服务机构可以为企业提供诊断服务、一批科技企业可以聚焦智能装备应用、设备互联互通、一批保险及相关银行可以使用金融工具发挥精准扶持作用，推动企业开展安全生产“智转数改”。通过鼓励保险机构搭建安全生产服务平台，利用集中采购和售后维保的优势，为企业提供监测预警打包服务，降低了企业在安全生产方面投入成本，增强了产品竞争力，形成政府定期抽查、保险全程关注、企业主动履职的安全生产工作局面。强化安责险在改造提升、监控预警、安全管理、火灾防控、财产保全等方面分级分档，精准匹配企业需求，推出专业化标准化服务，推动“智改数转费”“安全服务费”“财产投保费”等多费合一。苏州工业园区也正式出台了“三年三千万”正向奖补办法，对于工业园区工业企业投保工业园区安责险、采购工业园区监测预警产品的，给予最高金额可达20万元的专项补贴，全面激发企业参保安责险新模式积极性。

（三）基金

基金是指为了某种目的而设立的具有一定数量的资金，对于环保共性产业园而言，为了园区更美好的环境、更优质的发展、更美好的未来，可以大胆地设立园区发展基金，争取政府支持，吸引社会资本入驻，更重要的是汇聚园区自身与入驻企业的力量。环保共性产业园的基金可以往多方向进行预设，如产业投资基金、园区建设基金、科技创新基金等范畴。按照鼓励先进、激励创新、科学发展、可持续发展系列原则，通过资本力量对园区内优质的“苗子”进行孵化培育，苗壮成长后又可扎根园区、反哺园区、建设园区，从而实现牢固的园企关系、稳定的价值流动、成熟的基金应用以及可观的投资回报。

三、资本运作

拥有多种多样配套完善的服务加持后，环保共性产业园的规模与体量得到有效的发展保障，但最重要的还是产品的生命力、生产的质量以及可盈利性。环保共性产业园秉承共性理念，组建共生网络，利用共享模式，奔赴共赢未来，成功的模式如何保障稳定与批量复制是成功运营后必须考虑的一个命题。

在保障稳定方面，每个环保共性产业园应找准自身发展定位，不断提升自身核心竞争力。例如，核心区为拓展区龙头企业进行配套加工服务的园区，应将每年利润按需分配至从事研发、设计的位置，通过科技的力量深化产品价值，利用敏锐的触觉站在时代的浪尖。又例如以战略性新兴企业+配套产业集群为主导的环保共性产业园，可通过将园区部分收益用于孵化内部种子企业的形式，助力未来之星快速成长、做大做强，再以股权转让、IPO等方式退出并实现盈利。

在批量复制方面，每个环保共性产业园应深刻洞悉自身成功的关键基础与资源禀赋，尤其是自身核心区所选择的共性工序，是否属于本土支柱性产业的必要配套或传统优势产业。在复制过程中，应充分调研目的地的市场环境、经济基础、主导产业等，并非盲目投资、依葫芦画瓢。此外，环保共性产业园之间可组建战略同盟，共商、共建，利用相互之间的资源渠道与发展心得联合投资，也更容易获得地方政府的青睐与支持。

第八节　数字管理促进式

时代的发展如驾车登山、逆水行舟，不进则退，所有的事物都在不断升级、迭代，一旦落后将可能被替代。互联网力量的彰显、工业机器人的登台、数字时代的到来，每一件事情都在革新我们的生产与生活，每一次创新都在颠覆我们的发展。如何乘坐数字时代高质量发展的专列，是每一个环保共性产业园都必须深思的问题，也必须找到对应的“座位”。

工业制造的数字化转型绝不是跟风，而是在一个更专业、更具备潜力的领域中相互促进。通过数字化技术的加持，工业企业在日常生产过程中可实时掌控产线情况，利用自动化生产过程全面提升生产效率与生产质量，相当于聘请了一位永不疲惫的“劳模”；同时，数字化制造可以通过自动化控制和实时监测，减少不良率，减少停机维修时间，提高产品的一致性和品质稳定性。

开展数字化能力建设是一项复杂系统工程，覆盖企业各项职能，涉及技术融合应用、管理模式变革、数据价值挖掘、业务创新转型等一系列工作，需要用体系化的方法加以推进。企业应当从技术实现（要素维）、管理保障（管理维）、过程控制（过程维）三个方面统筹考虑，体系化、全局化开展数字化能力的建设，确保适配、稳定、有效以及自我提升，最终实现智能制造。智能制造赋予工厂以自动化、数字化的高效生产能力，一方面增厚制造业的利润空间，另一方面通过数字化与产业链上下游高效协同，并且智能工厂可以提供更多定制化生产能力，这些都能帮助我国制造业有效转型升级，提升在全球产业价值链中的地位。

环保共性产业园作为具备一定体量的产业集群，汇集了各方各面的信息需求与资源要素，应充分利用数字化技术提升自身管理水平，同步协助入驻企业逐步实现智能制造，共享式产业园区智能制造系统正应运而生。共享式产业园区智能制造系统设计过程需贯穿设备层、产线层、工厂层、企业层、协同层，重点打造MES、WMS、ERP、SCM、PLM、CRM六大管理模块（如图8-3所示）。

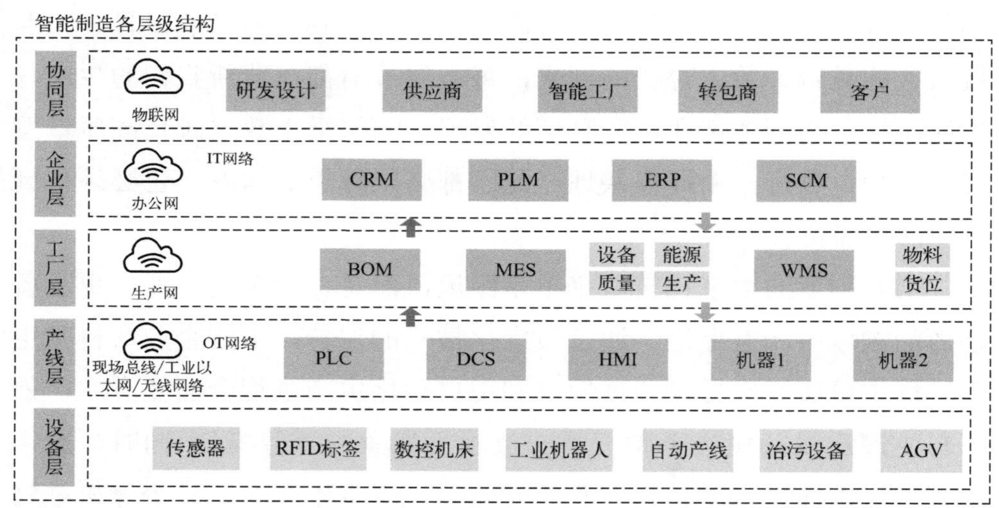

图8-3 环保共性产业园智能制造系统架构

一、MES系统（生产执行系统）

MES系统的生产过程监视侧重于生产流程和工艺过程之间物料输送、质量指标的监控。它以生产过程的实时数据为基础，利用MES系统的组态技术，实现对生产车间、动力能源车间、辅料库、成品库等生产区域的生产进度、工艺质量、物料消耗情况进行实时监控。生产过程监控系统发现异常时可以按照预先设置做出报警。帮助企业的生产指挥调度部门进行生产协调、合理调度，提高生产的快速反应能力。

环保共性产业园的MES系统设计过程应区分企业部分与园区部分，企业部分与一般市面上成熟设计无异，充分考虑共性工序的统一基础需求，对具备个性化定制需求的入驻企业提供开发空间，视公共管理需求仅集成相同功能模块，既节约入驻企业的开发成本，又可充分保密其生产信息；而园区部分更多是针对公辅设施（如集中供热设施、集中治污设施、共性原料输送中心等）与入驻企业生产过程的关联情况，为入驻企业提供稳定的原料供应、能量输送以及污染物处理处置服务。

二、WMS系统（仓储管理系统）

WMS系统旨在帮助企业全面维护仓库货物、供应商、仓库，实现质检、入库、库存、调拨、查询、预警、采购、审批、出库、退货等管理功能，使仓库管理人员有统一的记录、搜索、统计仓库数据管理平台，方便仓库管理员合理分配和调整仓库货物，确保企业正常管理仓库。

环保共性产业园的WMS系统主要应用于共性原辅料贮存场所出入库管理，结合原料集中供应式产业园区的设计思路，对大部分入驻企业具备需求的原辅料进行统一入库、存放、调度、出货、直送到厂等专业化服务，做到与企业侧MES系统信息紧密相连，实时监控并响应生产线原辅料补给需求，全面提升产业园区生产效能。

三、ERP系统（资源计划系统）

ERP系统是以信息技术为基础，以企业的业务、生产、销售、采购、库存、物流、结算等全过程为对象，通过整合企业内外部所有的经营管理信息和资源，以实现企业资源的统一管理、协调控制和高效利用为目的的管理信息系统。

ERP管理系统一般囊括采购管理、进销存管理、财务管理、技术管理、生产管理（即MES系统）、仓库管理（即WMS系统）、订单管理等模块，是整个智能制造系统的核心枢纽，是保障企业快速洞察市场、捕捉市场、随市场要求不断自我革新的信息来源，是企业内部全流程贯通的中台。立足于入驻企业的共性生产环节，环保共性产业园有抓手进行定制化开发，利用SaaS服务的形式向入驻企业提供入园免费基础体验+后续定向开发的综合服务形式，甚至以其实际产生的便捷性与经济效益进行抽成，减少企业数字化转型过程中绝大部分的投入，通过共性、共享的方法进行开源、增效。

四、SCM 系统（供应链管理系统）

SCM系统是基于协同供应链管理的思想，配合供应链中各实体的业务需求，使操作流程和信息系统紧密配合，做到各环节无缝链接，形成物流、信息流、单证流、商流和资金流五流合一的领先模式。

环保共性产业园当中的SCM系统除了常规功能设计以外，还应该充分考虑如何做到信息共享与协同增效。例如，针对各个入驻企业所涉及的生产工艺，可以通过SCM系统寻找同源供应商，利用采购管理、订单追踪、采购全流程服务等模块数据，对供应商产品质量、信用情况、响应速度等进行评价，坚持良币驱逐劣币，最终相互分享优质供应链资源。

五、PLM 系统（生命周期管理系统）

PLM系统提供了一个统一生命周期信息化管理解决方案，它以产品数据为基础，以知识库为核心，以提高研发质量和效率，实现企业信息集成为目标，是集成产品设计、工艺设计与管理的软件数据信息集成平台。PLM系统主要适应于离散型制造企业，而环保共性产业园恰恰是某类产业、某种产品的离散加工集成地，比一般产业园区更有条件和空间进行设计及推广。

环保共性产业园的PLM系统构筑视角必须足够宽广，设计逻辑的宽度与广度必须涵盖园区内大大小小入驻企业，从产品的研发、设计、原料采购、生产计划、供销、售后等各方面都应统筹考虑，以产品质量与口碑为核心关注点，利用数字化能力架设产业链上下游（核心区与拓展区企业）、工艺流程左右侧（核心区各个入驻企业）之间的信息桥梁。

六、CRM 系统（客户关系管理系统）

CRM系统是指企业为提高核心竞争力，利用相应的信息技术以及互联网技术协调企业与顾客间在销售、营销和服务上的交互，从而提升其管理方式，向客户提供创新式的个性化的客户交互和服务的过程。其最终目标是吸引新客户、保留老客户以及将已有客户转为忠实客户，增加市场份额。

CRM系统绝不仅仅是一份客户通讯录，更重要是客户需求、调性以及特点的分析工具，同时在环保共性产业园中是有偿共享的重要资源。CRM系统首先将向各入驻企业提供精细化运营记录媒介，利用客户分层、客户画像、客户属性等功能进行刻画；随后，基于大数据、边缘计算、AI等先进技术的加持，CRM系统可集中研判整个环保共性产业园目标客户画像，利用裂变引流工具进行统一对外营销，通过广告、融媒体等渠道快速提升市场知名度；最终，形成由园区对外统一对接客户，订单内部消化及利润分成的合作模式。

先进案例

青岛酷特智能股份有限公司是一家服装智造企业，形成了以大规模定制为核心的酷特智能模式，提出了个性化定制模式和用户直连制

造（C2M）商业模式，构建了酷特C2M产业互联网生态体系，更好地满足了消费者的个性化需求。

酷特的数字化转型与智能化升级主要经历了4个阶段：

① 信息化管理与自动化生产阶段，选择了大规模个性化定制作为主要的商业模式，运用自动化设备升级生产工厂并推出电子商务系统；

② 信息化和自动化齐头并进阶段，引入自动化设计、MES、WMS等新技术，初步形成C2M的新商业模式；

③ 数字化转型、智能化探索阶段，引入数字化生产计划系统，着力推动数据标准化建设，形成了数据驱动的大规模个性化定制新模式；

④ 网络化、智能化探索阶段，在引入智能物流和自动化仓储系统后，物流部门的用工量减少了80%；通过运用物联网（IoT）、“互联网+”等技术，形成了互联网生态体系，初步建成智能工厂。整体来看，酷特实现了C2M的新商业模式转型，建立了人、事、物互联互通的智能工厂；与传统模式相比，生产效率提高了25%，成本下降了50%，利润增长了20%，成为智能制造带动企业质量提升和供给侧结构性改革的典型实践。

第九节　风险抵御联动式

风险事故虽说属于小概率事件，但一旦发生且未被有效控制，所造成的损失将是企业或园区都无法承受的。环保共性产业园在进行内部规划过程中有意将产生污染的企业进行分区管控，同时亦不可避免将风险源进行集聚，危险化学品、燃料的使用，废气、废水的集中治理与排放，固体废物的集中贮存与处置，都将原有散布于各个企业的风险点瞬间抱团，既是挑战更是机遇。为长久以往的稳定生产与发展，环保共性产业园应建立一套响应迅速、责任明晰、机制健全、措施到位的风险事故联防联控模式，同时利用共享的方式降低园企投入，做好风险源头集聚管理、风险应对资源配给、风险抵御能力训练三件事（如表8-4所列）。

表8-4　环保共性产业园风险抵御防控要点与任务分配

风险防控要点	产业园区	入驻企业	第三方机构
源头集聚管理	建立集中式贮存场所，针对易制毒易制爆品、剧毒品以及其他危险化学品进行统一出入库、贮存、运输、装卸料，可自建或委外进行联合共建	设立中间仓库，对必须留存的风险物质进行贮存管理，其余过程均向产业园区提供的供应途径进行需求申报	鼓励具备专业危险化学品生产、运输、管理能力或事故应急能力突出的第三方联合园区共建，统一制定风险源集聚管理策略并执行
应对资源配给	（1）在核心区筛选合适位置建立应急物资中心库； （2）按照园区内其他风险潜势较大区域配套统一分散型应急物资库； （3）加强环保共性产业园数字化应急管理能力，利用云计算、大数据、AI等技术对园区风险隐患进行日常排查，对物资库配备情况定期盘点与补充	结合自身生产过程风险防控需求配备少量应急物资与装备，清晰园区内最近应急资源供给点位置	鼓励具备应急物资提供或救援能力的第三方与环保共性产业园进行深度合作，围绕环保共性产业园进行应急资源的配备，后续可按服务内容与次数进行计费，同步减轻产业园区与入驻企业的前期投入
抵御能力训练	厘清园区、企业以及第三方机构在风险事故处置过程的权责，定期组织各类型应急演练工作，以“练”代“战”、以“训”强“园”	积极参与产业园区所组织的演练，明确自身所承担的应急义务	鼓励产业园区与第三方机构共同策划应急演练工作脚本，增强事故像真度，避免流于形式

一、风险源头集聚管理

工业生产过程常见的风险事故包括火灾、爆炸、泄漏、机器伤人等，大部分风险源都是易燃易爆物质与危险化学品，贮存、运输、使用过程都需要特殊处理，这也是倡导园区统一进行集聚管理的关键切入点。环保共性产业园可基于入驻企业的生产需求，结合剧毒品、易制毒易制爆品、危险化学品等各类物质名录，遴选危险性大及需求普遍的物料开展集中采购、集中管控、集中输送、集中回收等系列服务，既能减少入驻企业在贮存、运输、管理等方面的投入，又可利用专业服务创造额外营收空间。但对于环保共性产业园而言，风险源头的集聚管理无疑是在加重自身运营负担与技术要求，如贮存场所的类别一般将骤升为甲类，建设标准和材料要求都将明显提升，增加部分建设支出；另外，在后续出入库、运输、装卸料等管理过程中，专业人员、设备的配给不可或缺，将增加运营管理成本。为此，可考虑采取购买第三方专业服务的形式，由园区搭台、专业团队唱戏、企业受惠，让专业的人做专业的事，明确管理权责与服务费用分成比例，可在一定程度上减轻园区的前期投入与管理风险。

二、风险应对资源配给

除集中贮存场所的建立以及统一管理队伍的配备外，环保共性产业园应根据全区风险源分布情况、风险事故类型及其应对措施统一配备“一中心多散射”的应急物资与装备库。首先，在环保共性产业园核心区筛选合适位置建立应急物资中心库，保障所有可能事故类型的处置物资种类与数量充足，安排专人专班负责；随后，按照园区内其他风险潜势较大区域（如每栋生产厂房）配套统一分散型应急物资库，配套内容可根据区域风险特征进行差异化供给；最后，加强环保共性产业园数字化应急管理能力，利用云计算、大数据、AI 等技术对园区风险隐患进行日常排查，对物资库配备情况定期盘点与补充。

三、风险抵御能力训练

在做好风险源头集聚管理与风险应对资源配给的基础上，风险事故抵御所需要的物质与制度基础基本夯实，但除了“技防”以外，“人防”同样重要，对生产过程的行为管理、事故发生时期的紧急疏散、风险事故过程中的应急处置，都是风险抵御能力训练的重点。环保共性产业园应作为风险应急工作的中心枢纽，上承所在区域、镇街乃至地市级管理需求，下接每一个入驻企业的防控需要，利用自身平台的集聚优势，明确园区方、企业方以及外聘的专业第三方的权责，定期组织各类型突发事件应急演练工作，以“练”代“战”、以“训”强“园”。

先进案例

中山市目前拥有全广东省内首个由第三方社会力量组建的突发环境事件综合应急救援组织——中山市雷霆环境应急救援队。

雷霆救援队由专职队员和社会专业机构共同组成，涵盖环境工程、环境科学、环境监测、遥感遥测、信息技术等领域，共同构架中山市生态环境领域社会应急救援力量。为高效应对各类突发环境事件，目前，雷霆环境应急救援队已配备了多类型常用环境应急物资，涵盖安全防护、污染围堵、处理处置、应急监测、医疗救援等类型；应急装备库配备了便携式光离子化检测仪、便携式毒害气体检测仪、工业级无人机、红外热成像仪、管道机器人等三十余种专业环境应急装备。通过深入开展环境应急救援物资储备信息调查，搭建社会环境应急物资信息平台。

雷霆应急救援队自成立以来，已先后参与我市8起突发环境事件应急处理处置、20余起突发环境事件的应急演练。

参考文献

[1] 刘婷婷，赵彤，王健，等. 金属表面处理工艺危险废物产生节点和处置现状[J]. 环境工程技术学报，2021，11（5）：7.

[2] 袁雯，朱喜钢，李海梅. 循环经济视角下的工业园区规划实践——以云南省祥云县工业园区为例[C]//中国城市规划学会. 生态文明视角下的城乡规划——2008中国城市规划年会论文集. 大连：大连出版社，2018：10.

[3] 唐亚冰，肖文舸，胡真禛. “粤智助”自助机实现村村通[N]. 南方日报，2022-04-18（A05）.